小五台山青杨种群生态学研究

胥 晓 董廷发 主编

科学出版社

北 京

内 容 简 介

雌雄异株植物类群在应对全球气候变化中雌雄个体响应不一致，这对种群的稳定和发展产生了不利影响，已越来越受到科研工作者的重视。本书以雌雄异株植物青杨为研究对象，分析了河北小五台山国家级自然保护区内青杨天然种群及其雌雄个体随海拔的变化特征，首次全面系统地介绍青杨雌雄植株形态、生长、生理、繁殖、年轮等性状随海拔的差异及种群结构与动态特征随海拔的变化。该研究成果对完善和发展雌雄异株植物类群随环境变化具有重要理论意义，为气候变暖背景下雌雄异株植物种群的保护提供了科学依据。

本书可供从事生态学、林学、植物学、生物学等相关方面的研究人员，高校相关专业师生，林业保护区管理人员参考。

图书在版编目（CIP）数据

小五台山青杨种群生态学研究/胥晓，董廷发著. —北京：科学出版社，2017.5

ISBN 978-7-03-049966-0

Ⅰ．①小…　Ⅱ．①胥…　②董…　Ⅲ．①青杨–种群生态–研究–河北　Ⅳ．①S792.113

中国版本图书馆 CIP 数据核字（2017）第 226969 号

责任编辑：张　展　孟　锐/责任校对：王　翔
责任印制：余少力/封面设计：墨创文化

科学出版社 出版
北京东黄城根北街 16 号
邮政编码：100717
http://www.sciencep.com

成都锦瑞印刷有限责任公司 印刷
科学出版社发行　各地新华书店经销
*
2017 年 5 月第　一　版　　开本：720×1000　B5
2017 年 5 月第一次印刷　　印张：11
字数：230 000

定价：86.00 元
（如有印装质量问题，我社负责调换）

本书编委会名单

主　编：胥　晓　董廷发

副主编：王志峰　李霄峰　杨延霞　黄科朝

编　委：（按姓氏笔画排名）
　　　　王志峰　李大东　李吉利　李金昕
　　　　李晓东　李霄峰　杨　照　杨延霞
　　　　胥　晓　贺俊东　袁新利　黄科朝
　　　　董廷发　蒙振思

前　言

种群是在一定的时间和空间内由同种个体组成的具有一定结构和功能的基本单位。在自然界中，种群是物种存在的基本单位。种群生态学以种群作为研究对象，是生态学各层次间的联结和枢纽，一直是生态学学科的核心内容之一。目前，气候变暖对物种的生长甚至是存活的影响，直接关系到种群特征的变化，进而影响生态系统的稳定。这引起了各国科学家、政府及社会各界的关注。自 20 世纪以来，许多学者对气候变暖引起的植物响应和适应机制、种群分布等问题进行了研究。然而，这些研究大部分是针对雌雄同株植物。在 24 万被子植物中，存在约6%的雌雄异株植物（Renner and Ricklefs，1995）。这些物种性别间的差异，导致雌雄植株个体对环境的适应性不同，主要表现在不同环境下雌雄异株植物会出现性别比例的偏倚。前人对该类植物的研究主要基于室内的控制性实验，并证实了雌雄异株植物不同性别个体对环境变化的敏感性不一致，性别间的空间分离能反映出不同性别的植株对不同环境中资源质量的需求特化性，使不同性别的植株可以选择所需资源进行生长和繁殖，以提高繁殖效率和适应性。同时，雌雄性别的分化，使得该类植物在环境胁迫下维持种群稳定性的能力比其他植物更加脆弱。雌雄异株植物在上述方面的特殊性，近年来逐渐引起了各国研究人员的关注，但研究工作主要集中在雌雄异株植物的形态差异、生态适应和生殖分配等方面，很少开展有关环境变化对雌雄异株植株种群影响方面的研究工作。因此，开展雌雄异株植物种群生态学研究对气候变化背景下该类植物的物种适应力、种群保护乃至维持生态系统的稳定均具有重要意义。

杨树常常作为木本植物研究中的模式植物，如同分子生物学研究中的拟南芥一样。青杨（*Populus cathayana* Rehd.）属于杨柳科（Salicaceae）杨属（*Populus* L.）青杨组（Sect. *Tacamahaca* Spach），是一种常见的雌雄异株植物，广泛分布于我国东北、华北、西北及西南地区。它具有适应性强、繁殖容易、生长快、抗逆性好等特性，是我国在木材生产、生态治理、环境改良及退化生态系统重建等方面的常用树种，因而具有较高的生态和经济意义。目前国内对青杨的研究主要集中于品质鉴定、品种选育、病虫害防治，以及植物个体对环境的形态、生长和生理适应等方面，而对于环境变化对青杨野外种群影响的研究甚少。故本书以青杨作为模式植物，探究雌雄异株植物种群对气候变化的差异响应。

研究气候变暖对植物种群的影响，通常采用的研究方法主要有两种：一种是室内控制实验，采用室内实验模拟增温；另一种是室外实验，通过开顶式生长室（OTC），使温度增加，这种方法主要是针对草本植物或是低矮灌木。对于木本植物，主要是通过研究海拔梯度差异导致的温度变化，以"空间来代替时间"间接地推测气候变化对植物的影响。海拔作为重要的地形因子，为研究植物种群对环境的响应提供了条件，是生态学者研究和理解不同群落与其环境关系的理想场所。群落从高海拔到底海拔的变化可以看作一个受气候变暖影响的动态过程。河北小五台山国家级自然保护区位于华北植物区系的中心地带，是我国华北地区保存森林植被最完整的区域，也是暖温带森林生态系统垂直分布的典型代表。丰富的森林植被也为褐马鸡、金钱豹等国家一级保护珍稀野生动物提供了栖息环境，为本书对应的研究提供了理想的场所。因此，本书选用海拔因子研究环境变化对雌雄异株植物的影响，从种群空间分布格局、种群的年龄结构和数量动态等方面分析不同海拔梯度下青杨天然种群的分布格局及其雌雄群体的变化规律，从而掌握雌雄异株植株对环境变化的响应机制。研究成果可以为雌雄异株植物种群对环境变化的响应规律提供理论依据，尤其是对未来气候变暖背景下雌雄异株植物资源的保护具有重要的科学参考意义。

　　本书中的科研成果是在国家自然科学基金（30771721、31170389、31370596）的资助下经过长达 8 年的研究后逐步积累形成的，是课题组师生们集体智慧和努力的结晶。在野外调查过程中，得到了小五台山国家级自然保护区管理局的大力协助、配合和无私的帮助。

　　由于作者的业务水平和能力有限，不足之处实为难免，敬请同行专家和广大读者批评指正！

作　者

2016 年 7 月于南充

目　录

第 1 章　青杨的自然地理分布和生物学特性

　　植物化石、孢粉学和分子系统发育学的证据是当前研究植物演化历史和分类的主要依据。本章通过概述青杨的起源、演化发育过程、分布等基本特征及研究进展，为研究青杨的种群生态学特征奠定基础。

1.1　青杨的起源及演化

　　根据已报道的全球化石记录，杨属的化石最早出现在白垩纪的赛诺曼期（Cenomanian）：*Populus* spp.（美国的达科他层）（中国植物化石第三册《中国新生代植物》），但也有一些人认为已发现的白垩纪时期的杨属叶片化石识别有误，都应归属于其他的科属。Reinhard 认为最可信的杨属植物叶片化石是出现在晚古新世的墨西哥杨（*P. mexicana*）为已知的最原始种（现已灭绝），可能是现存五大杨派的祖先，发现地点位于北美大陆（美国西北部）。在此之后，相继在始新世时期发现了类似大叶杨（*P. lasiocarpa* Oliv.）的化石，在渐新世地层发现了类似青杨与黑杨（*Populus nigra*）的化石，并且在美洲与欧亚大陆都被发现，化石鉴定认为可能是两者的共同祖种，该类化石在上新世时突然消失，紧接着现代黑杨派和青杨派的化石出现（Stettler et al.，1996）。因此，化石证据表明黑杨与青杨极有可能具有极近的亲缘关系，应为兄弟种。

　　另一方面，现代系统发育学（phylogeny）还从形态学和分子生物学两个层面对杨属植物的演化过程进行了研究，通过植物器官（芽、叶、花等）的形态特征进行聚类分析，认为杨柳科植物与大风子科（Flacourtiaceae）植物有较近的共同起源，并且杨属内各派都是单系起源（Stettler et al.，1996）。除了从形态学的水平比较外，分子生物学的快速发展直接带来了一些分子标记技术，如微卫星技术（SSR 和 ISSR）、随机扩增多态性 DNA（RAPD）、核 rDNA 的内转录间隔区（ITS）、18S rDNA、叶绿体基因组（cpDNA）等，这些技术能够在分子水平上解释生物进化的机制，并分析分子进化过程的变异特征，最后通过整合各物种或种群间分子系统发育关系（构建系统发育树）来探讨物种间或种群间的发育系统关系（葛颂和洪德元，1994；史全良等，2001）。分子标记技术使得研究植物系统进化（包括种间和种内的亲缘关系、遗传变异）研究深入到分子水平，从而能够更全面、深入地分析和探讨植物的遗传演化过程，已经成为研究植物系统发育的有力工具（Huson and Bryant，2004）。李宽钰等（1996）对白杨派、青杨派和黑杨派二十多个种进行了 RAPD 分析，计算两两之间的遗传距离，发现黑杨派和青杨派遗传距离较小，白杨派与青杨派则较远，认为黑杨派和青杨派之间亲缘关系较近，而黑杨、青杨两派与白杨派则相距较远。长期的杨属杂交育种实践也表明，青杨派与黑杨派容易杂交，有较高的亲和性；而黑杨派、青杨派与白杨派之间杂交亲和性极差，反映了这三派之间亲缘关系有明显的差异。史全良等（2001）使用 ITS 序列研究了杨属五派 20 种杨树的进化关系，表明白杨派起源较早，而胡杨派和黑杨派则起源较晚，白杨派与其余各派之间的亲缘关系相对较远。杨属各派分歧以后沿着各自的演化方向进化。

在五大杨派中，青杨派具有遗传变化最大、派内分化种类多、遗传多样性高等特点，因而具有很高的研究价值（史全良，2001）。对青杨派树种的生物地理学研究表明，青杨派树种可能起源于我国西北地区（李宽钰和杨自湘，1997）。青杨派中分布最广的种是小叶杨（*P. simonii*），在我国 18 个省都有分布。而小叶杨化石也是分布地层最广泛的。根据新生代植物化石，在辽宁抚顺发现的始新世中国杨（*P. sinensis*）与现代小叶杨在叶形和叶脉方面较相似，可能是其先祖种；在我国山东临朐发现的中新世小叶杨叶片化石标本，与现代的小叶杨叶片基本一致（中国植物化石第三册《中国新生代植物》）。在新近纪和古近纪的化石记录中，我国共发现了 8 种杨树叶片化石，而大多数叶片化石都与现存种差异较大而无法鉴别，唯有上面两种化石，和现代小叶杨相似度非常高，可能是青杨派中较早演化出的自然种（表 1-1）。

表 1-1　地质时期与杨树化石发现简表
Table 1-1　Geological period and discovery of fossil in *Populus*

	地质时期 Geological period		化石发现 Discovery of fossil
新生代	第四纪	全新世 Holocene	
		更新世 Pleistocene	新疆塔里木、甘肃敦煌铁匠沟、山西平陆、河南陕县窑头村发现杨化石
	新近纪	上新世 Pliocene	
		中新世 Miocene	山东临朐小叶杨化石
		渐新世 Oligocene	欧美都出现胶杨化石
	古近纪	始新世 Eocene	杨树化石在欧洲（欧亚）首次发现，辽宁抚顺发现我国最早杨树化石中国杨（*P. sinensis*）
		古新世 Paleocene	杨树化石最早出现在美国西北部（*P. mexicana*）
中生代	白垩纪	晚白垩世 Late Cretaceous	被子植物大量出现

1.2　青杨的分类地位及地理分布

根据国际杨树委员会的分类方法把杨属分为五派：胡杨派（Section *Turanga*

Bunge）、白杨派（Section *Duby*）［本派下分两亚派：山杨亚派（Subsection *Trepidae*）；白杨亚派（Subsection *Albidae*）］、黑杨派（Section *Aigeiros* Duby）、青杨派（Section *Tacamahaca* Spach）和大叶杨派（Section *Leucoides* Spach）。

　　五派杨树中，由于青杨派杨树在生长、适应性与抗逆性等方面具有突出优点，因此青杨派杨树常常作为重要的遗传资源和木本植物研究的模式材料（Taylor，2002；Zhang et al.，2010）。青杨派树种的种类最多，达 33 种，其自然分布区主要在亚洲和北美洲，我国拥有的青杨派树种最多，分布最广，主要分布区都位于我国北方各省和西南地区，在海拔 4000 m 以上仍有分布。其自然种数量占我国杨树自然种总数的一半以上。生长在我国最北部的有甜杨（*P. suaveolens*）、大青杨（*P. ussuriensis*）、香杨（*P. koreana*）和辽杨（*P. maximowiczii*）等，主要生长在东北自然林中的河流两岸，树形高大；小叶杨（*P. simonii*）在我国分布最广，在西北、华北、东北、西南等 18 个省（区）都有它的自然分布，其变种也极多，如塔形小叶杨、垂枝小叶杨、菱叶小叶杨和圆叶小叶杨等；生长在云南中部和北部、贵州西部和四川西南部山区的滇杨（*P. yunnanensis*），是我国特有种，也是自然分布中最南侧的一种；分布于四川、云南、甘肃南部和陕西南部山区的川杨（*P. szechuanica*）也是我国特有种，生长在海拔 2000～4500 m 的高山地带；缘毛杨（*P. ciliata*）则只见于喜马拉雅山区（王胜东和杨志岩，2006）。可见，我国青杨派树种的种质资源非常丰富，树种的特异性也很明显。我国林学家利用丰富的青杨派树种基因资源，以小叶杨、小青杨和青杨等选育出很多优良的杂种类型（史全良，2001）。但总的来说，目前对青杨派树种还缺乏深入的研究，为更好地利用我国优质的青杨派基因资源，对青杨派内树种进行深入的研究非常必要。

1.3　青杨的生物学和生态学特性

　　青杨（*Populus cathayana* Rehd.）属于杨柳科（Salicaceae）杨属（*Populus* L.）青杨组（Sect. *Tacamahaca* Spach），落叶阔叶乔木，可高达 30 m。其树皮初光滑，灰绿色，老时暗灰色，沟裂；树冠阔卵形；枝圆柱形，有时具棱角，幼时橄榄绿色，后变为橙黄色至灰黄色，无毛；芽长圆锥形，无毛，紫色、紫褐色或黄褐色；短枝叶卵形、椭圆状卵形、椭圆形或狭卵形，先端渐尖或突渐尖，基部圆形，稀近心形或阔楔形，边缘具腺圆锯齿，上面亮绿色，下面绿白色，脉两面隆起，尤以下面明显无毛；3～5 月开花，5～7 月结果（吴征镒，1999）。

　　青杨是典型的雌雄异株植物。青杨的雌、雄植株在形态特征上存在一定的差异性，雌株树冠为卵状椭圆形，分枝角较大，雄株树冠为卵圆锥形，分枝角较小；雄株树干较雌株直，且皮呈灰绿色，雌株树干则多弯曲，皮呈黄绿色；雌株叶为卵圆形，叶尖端渐尖，缘平展，雄株叶为长椭圆形，叶尖渐尖，具波状缘；雄花序长 5～6 cm，雄蕊 30～35，苞片条裂；雌花序长 4～5 cm，柱头 2～4 裂，果序长 10～15 cm。蒴果卵圆形，长 6～9 mm，3～4 瓣裂，稀 2 瓣裂。雄株花芽肥胖多簇生，雌花芽细瘦多单生（吴征镒，1999；刘霞，2003）。此外，雌雄青杨在形态、生理生化方面（如气孔长度、宽度及长宽比、光合速率等）也存在明显差异（王碧霞等，2009），且这些性别间的形态、生长、生理生化的差异会随环境的变化而变化（胥晓等，2007）。

1.4　青杨的基本生长环境

青杨是喜光阔叶树种，性喜温凉湿润，比较耐寒，主要生于海拔 800～3000 m 的沟谷、河岸和阴坡山麓。在我国主要分布于辽宁、华北、西北、四川、青海等省区。各地有栽培。主要分布区年平均降水量 300～600 mm，在绝对最低温度–30℃ 的地方仍能开花结实。对土壤要求不严，适生于土壤深厚、肥沃、湿润、透气性良好的沙壤土、河滩冲积土上，也能在砂土、砾土及弱碱性的黄土、栗钙土上正常生长。根系发达，具有一定的抗旱能力。

1.5　青杨的研究进展

杨树由于其基因组相对较小、生长快、适应性和抗逆性强等特点，常常被选为研究木本植物分子遗传、生理响应和生态适应的模式植物（Bradshaw et al.，2000；Taylor，2002）。目前已经开展了遗传多样性、系统发育、遗传连锁图谱构建及数量性状基因位点（QTL）定位、分子标记辅助选择育种等方面的研究工作（史全良，2001；苏晓华等，2004），同时也对杨树的种群间及种间对环境变化的分子、生理、生态响应和适应作了较为系统的研究（Lei et al.，2006，2007；Chen et al.，2007），这些响应甚至具有性别差异（Xu et al.，2008a，2008b；Zhao et al.，2009；Zhang et al.，2011，2014；贺俊东等，2014）。这些利用分子技术和生理生态的研究手段对青杨资源的有效合理保护和利用、新品种的培育等有着重要的意义。

除了个体的生长适应性特点外，杨柳科植物是典型的雌雄异株木本植物，可进行有性和无性繁殖。在长期的进化过程中，许多雌、雄个体间在生长和对非生物环境和生物环境的响应适应方面有显著差异，这些差异导致个体的存活、生殖格局、个体间相互关系、空间分布等方面表现出了明显不同（Freeman et al.，1976；Dawson and Ehleringer，1993），甚至改变种群结构和动态，尤其是在胁迫的环境中。然而人们对雌雄异株植物在环境胁迫下的响应和适应差异的研究甚少，且起步较晚（胥晓等，2007）。目前对青杨雌雄植株的研究主要基于光照、温度、水分、盐、紫外线等胁迫环境下的敏感性研究。

1.5.1　青杨雌雄植株对光照变化的响应

在日照短、辐射强度弱的条件下，林木的生长会受到严重影响。已有研究发现中度遮阴下青杨雄株比雌株具有更高的株高、基径、碳氮含量等，这是因为中度遮阴胁迫下雄株对光因子的捕获能力比雌株强，对光保护色素的投资大；而在重度遮阴处理下，雌株在形态、生物量、光合色素、抗氧化酶活性及生化物质含量方面均较雄株占优势，说明雌株对重度遮阴胁迫响应更为积极，表现出更好的耐荫性（杨妤，2009）。Huang 等（2008）通过对不同气候区青杨种群对遮阴作用响应的研究，发现在干旱胁迫下，随遮阴程度的加深，根茎叶生物量及总生物量呈现降低趋势。全光下干旱引起的根冠比和细粗根比的增加量大于遮阴处理的增加量。说明中度遮阴会积累更多的生物量在根上，重度遮阴植物会积累更多的生物量在叶上（Huang et al.，2008）。除了光照强度的影响外，研究也发现光周期也会显著影响青杨的生长和生理过程，光周期缩短会降低植株的净光合速率，蒸腾速率，叶绿素、非结构性碳水化合物和吲哚乙酸的含量，但增加脱落酸、丙二醛和游离脯氨酸的含量，并诱发叶片衰老。在短日照光周期下，维持超微结构完整性的抗氧化酶（如过氧化物酶、过氧化氢酶和超氧化物歧化酶）的活性和能力降低（Zhao et al.，2009）。同时，雌雄青杨植株对光周期变化表现出性别差异。在短日照周期下，雄株的叶片衰老速度比雌株快，同时雄株净光合速率、蒸腾速率、叶绿素和吲哚乙酸含量都比雌株降低得多。但是，雄株仍表现出较高的净光合速率，叶绿素、非结构性碳水化合物和吲哚乙酸含量及抗氧化酶活性，这表明雄株维持了较短的衰老阶段。相反地，在长日照光周期下，雌株通过较低的氧离子使得净光合速率、蒸腾速率、非结构性碳水化合物、吲哚乙酸含量和抗氧化酶活性增加，而雄株的指标由于较高的氧离子而降低（Zhao et al.，2009）。这种适应能力可能与不同环境中的雌雄植株叶片衰老速度表现出来的性别差异有关。

1.5.2　青杨雌雄植株对温度变化的响应

杨树主要分布在温带地区，其对温度的适应范围较广，尤其是青杨派树种对于低温的适应性较强。青杨一般分布在海拔 800~3000 m 的河谷、河岸和阴坡山麓，喜生长于温带、寒温带及海拔较高的温凉气候和肥沃湿润土壤环境中，是我国北方常见种（王胜东和杨志岩，2006）。在冬季低温到来之前会通过一系列的对策来适应越冬的环境。如叶柄基部形成断离层，落叶；把养分转移到树干和根部；一年生嫩枝逐步木质化，形成由多层芽苞包被的芽等。在青杨派树种中分布从中国最北部直到西伯利亚中部的甜杨（*P. suaveolens*），可耐−50℃以下的低温，是杨属中最耐寒的树种。大青杨（*P. ussuriensis*）、香杨（*P. koreana*）、小叶杨（*P. simonii*）等都可耐−40℃左右的低温（王胜东和杨志岩，2006）。对于青杨耐低温的研究目前较少，仅见对青杨叶片的耐寒机制的研究。孙昌祖和刘家琪（1998）发现在低温处理下，叶片中的自由基增多，抗氧化物酶含量也随之增高。随后，李春明等（2011）对青杨叶片中起抗寒作用的蛋白质进行了提取，鉴定出 22 个与抗寒有关的蛋白质。

温度变化对青杨雌雄植株的影响表现在：增温条件下，雌雄个体的净光合速率、株高、叶干重、茎干重、根干重、总干重、地上与地下的干重比增加。同时，雌雄个体茎中 C 的含量降低，但却增加雌株叶片中 N 的含量，从而使雌株叶片中的 C/N 小于雄株。不仅如此，温度的增加，使得雌株的茎干重、根干重、总干重和地上与地下的干重比都比雄株高，根干重/总干重和根干重/叶面积则比雄株低（Xu et al.，2008b，2010a）。在对青杨雌雄幼苗进行低温处理时发现低温会对植株产生胁迫，并且雌株受到的负面影响大于雄株。在生长阶段的早期，低温明显抑制雌株植株的生长，使得净光合速率、气孔导度、蒸腾速率和叶绿素含量降低，而增加了胞间 CO_2 浓度、叶绿体 a/b、脯氨酸含量、可溶性糖和过氧化氢酶的含量及抗坏血酸和过氧化物酶的活性，并且导致雌株的过氧化物酶和谷胱甘肽还原酶的活性下降，硫代巴比妥酸反应物质含量增加的现象只出现在雌株中。同时，低温胁迫也会对雌雄植株的叶绿体产生影响，并且会积累大量的脂肪粒和小囊泡。研究还发现低温胁迫下雌株的叶绿体会解体及产生众多倾斜的基粒堆。此外，在低温胁迫下，雄株表现出比雌株具有较高的叶绿素和可溶性糖含量，较高的超氧化物歧化酶、过氧化物酶和谷胱甘肽还原酶活性，以及更完整的叶绿体结构和细胞膜（Zhang et al.，2011）。

1.5.3 青杨雌雄植株对水分变化的响应

杨柳科植物是常见的河滨树种，其开花、传粉、散种、生长都与河岸系统的水分周期性变化形成密切的关系（图 5-1）。杨树生长快、需水量较大，所以土壤湿度是影响杨树生长的因子中最重要的因素之一。青杨的自然分布区域一般位于河岸两侧，可见水分对其生长的重要性。在生长季节，如果土壤中的含水量下降到 10% 以下，将导致叶面气孔关闭，引起植物光合速率降低，使代谢受阻，甚至植株生长停止（王胜东和杨志岩，2006）。另外，尽管杨树喜水，但淹水可导致其幼苗的总生物量下降，光合速率、超氧化物歧化酶活性、叶绿素含量降低（杨鹏和胥晓，2012），表明青杨也不耐水淹。

Xu 等（2008a，2008b）通过对干旱处理青杨雌雄幼苗的研究发现，干旱显著降低了雌雄个体的生长指标、色素含量、光合参数、荧光参数、抗氧化酶活性和碳同位素组成，但雄株上述各指标受到干旱的负面影响小于雌株。此外，干旱还极大地抑制了植物的生长，破坏了光合系统、叶绿体、线粒体和细胞膜结构。然而，雄株受干旱胁迫的影响小于雌株。这种雌雄植株对干旱胁迫的不同响应现象被证实与其自身的蛋白质表达相关，如与光合作用有关、动态平衡和应激反应有关的蛋白质（Zhang et al.，2010）。由于雌雄个体间对干旱表现出了二态性，这直接影响了雌雄间的竞争关系，当受到干旱胁迫时，雄株的竞争能力强于雌株（Chen et al.，2014）。

1.5.4　青杨雌雄植株对养分或 CO_2 升高的响应

模拟 N 沉降或 CO_2 浓度升高的研究，发现青杨雌雄幼苗的总叶数、叶面积、叶生物量、光合作用速率、光饱和速率、叶绿素 a 含量和叶绿素 a/b 都有所增加。但同时提高 N 沉降和 CO_2 浓度时，幼苗的叶面积、叶生物量、光合作用速率、光饱和速率、叶绿素 a 含量和叶绿素 a/b 都会降低，并且雄株的叶生物量、光合作用速率、光饱和速率、表观量子产量、羧化效率、叶绿素 a 含量、叶绿素 a/b 值、叶氮含量、根 C/N 都高于雌株，而雌株却含有较高的叶可溶性糖含量及根、茎部的淀粉含量（Zhao et al.，2010）。然而当氮磷养分缺乏时，青杨雌株的生长、生理受到的消极影响比雄株大（Zhang et al.，2014）。青杨雌雄个体对氮的响应差异不一致，直接改变了性别间的竞争关系（Chen et al.，2015）。

1.5.5　青杨雌雄植株对盐胁迫的响应

在盐胁迫条件下，青杨雄株幼苗的干物质积累、株高、生长速率、总叶数、光合能力受到的负面影响明显低于雌株。尽管雌雄株植物的水分利用效率均会降低，但雌株在相对电导率的增加量，以及叶绿素 a 含量、叶绿素 b 含量、总叶绿素含量和叶绿素 a/b 的降低量方面高于雄株，其超微结构形态、叶绿体类囊体的膨胀，线粒体结构的降解也高于雄株。此外，研究还发现盐胁迫使 Na^+、Cl^- 在雌株叶片、茎中的积累显著高于雄株，而在根中的积累则低于雄株。这是由于雄株具有更好的能力抑制 Na^+ 从根部向地上部分运输，从而使得其比雌株抗盐胁迫能力更强（Chen et al.，2010；Zhang et al.，2011），而且盐胁迫也会导致雌雄植株的光合能力在叶片表面出现不同的区域异质性（Xu et al.，2014）。

1.5.6　青杨雌雄植株对紫外线增强的响应

研究发现，紫外线增强降低了青杨植株的株高、基径，减少了叶面积、干物质积累、净光合速率、叶绿素 a/b 和花色苷含量，而叶绿素、叶氮、丙二醛、脱落酸含量，超氧化物歧化酶活性、过氧化物酶活性和紫外吸收化合物含量均增加，然而对生物量分配、气体交换（除净光合速率）、光系统 II 光化学效率和水分利用效率没有显著影响。与雌株相比，在增强紫外线的环境中，雄株表现出较高的基径、叶氮，较低的叶绿素 a/b、脱落酸含量、紫外吸收化合物，以及较小降幅的叶面积和较少的干物质积累，从而雄株表现出更强的自我保护功能（Xu et al.，2010b；Feng et al.，2014）。

上述这些从物种种群甚至是性别水平方面的研究表明：青杨对环境因子变化比较敏感，且不同性别的青杨植株对环境变化的敏感性不一致。然而，这些研究结果大多基于室内的控制性实验所得，并集中于植株个体的生理生态特性的研究，而针对青杨种群的相关研究开展甚少。因此，为了在种群层次上进一步揭示青杨对环境变化的响应机制，本书以小五台山国家级自然保护区内分布的青杨为例，从种群结构、更新能力、繁育性状、功能特性、树轮生长等方面展开了深入研究。

第 2 章　调查地区自然概况

本章概述研究区的地形地貌、气候、土壤、动植物等主要特征。

2.1　地　理　概　况

小五台山地处燕山-太行山山系，太行山脉北端。由于中生代燕山地壳运动山体的剧烈抬升和新生代新近纪、古近纪和第四纪强烈断裂，盆地降低，山岭隆升，形成了以东、西、南、北、中台五座山峰为主体的众多山峰和峡谷，其中海拔在2000 m 以上的山峰有 130 多座，东、西、南、北、中台等五座山峰，海拔均在 2600 m 以上。北部为洪积平原地形，东南部为低高山地形。岩石主要为沉积岩类，以石灰岩等为主。整个地形属于侵蚀构造高山地貌类型。

河北小五台山国家级自然保护区（以下简称小五台山保护区或保护区），位于河北省西北部，地理坐标为东经 114°47′~115°30′，北纬 39°50′~40°07′，东西长 60 km，南北宽 28 km，总面积 21 833 hm^2（图 2-1）。属冀西北山地，地处张家口市蔚县、涿鹿两县境内，东与北京市门头沟区及保定市涞水县接壤，距北京市区 125 km，被誉于"京门屏障"。保护区内海拔高差较大，最高海拔为 2882 m（主峰东台），最低海拔为 1190 m（西金河口）。由于保护区内海拔高差较大，气候、土壤和植被随海拔变化而更替的垂直分布规律比较明显。

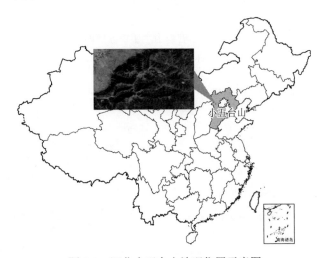

图 2-1　河北小五台山地理位置示意图

Fig. 2-1　Location map of the Xiaowutai Mountains，Hebei province，China

2.2　气候特点

保护区内气候属暖温带大陆季风型山地气候，具有四季分明、雨热同季、冬长夏短、夏季昼夜温差大等特点。日照充足，太阳辐射资源丰富，山区日照时数为 2600 h 以上，年辐射量在 130 kcal/cm² 以上；年均温 6.4℃，但各月间均温差异大，其中 1 月平均气温−12.3℃（山顶最低可达−38℃），而 7 月平均气温 22.1℃。山谷年均降水量约 420 mm，山腹以上年均降水量约 700 mm，全年降水量不均匀，主要集中在 7～8 月，占全年降水量的一半。冬季多为西北风，夏季为东南风，最大风速可达 20 m/s，常常使胸径 10～30 cm 的树木折断。无霜期 80～140 d。海拔2600 m 以上地区 9 月中旬初雪，冻结期长达 5～6 个月，最大冻土层深达 1.5 m。保护区内光照、温度、水分、风、雪等气候因子随海拔变化明显（鲁少波，2009）。

2.3　土壤和植被

保护区的土壤主要有亚高山草甸土、棕色森林土和褐土类，分别分布于阴坡海拔 2500 m 和阳坡海拔 2100 m 以上、阴坡海拔 1600～2500 m 和阳坡海拔 1400～2100 m、阴坡海拔 1600 m 以下和阳坡海拔 1400 m 以下。保护区内保存着较为原始的森林资源，为典型的暖温带森林生态系统，以落叶阔叶林为主，在科属组成、结构特征和外貌景观等方面是华北植被的典型代表（刘增力等，2004；鲁少波，2009）。植被垂直分异明显，其植被类型从低海拔到高海拔可划分为 7 个垂直带（表 2-1）。

表 2-1　小五台山主要植被类型
Table 2-1　The vegetation type in Xiaowutai Mountains

海拔和坡向 Altitude and aspect	植被类型 Vegetation type	土壤类型 Soil type	主要物种 Main species
＜650 m 的阴坡	农作物	褐土	农田、果林带
650～1300 m 的阴坡	次生灌草带	褐土	灌草丛
1300～1700 m 的阴坡	阔叶林带	褐土	落叶阔叶林，如白桦（*Betula platyphylla*）
1700～2000 m 的阴坡和 1400～2000 m 的阳坡	针阔混交林带	棕壤	华北落叶松（*Larix principis-rupprechtii*）、白桦、辽东栎（*Quercus liaotungensis*）等
2000～2400 m 的阴坡	针叶林带	棕壤	华北落叶松和云杉（*Picea asperata*）等
＞2400 m 的阴坡和 2000 m 的阳坡	亚高山灌丛带	棕壤	硕桦（*B. costata*）、暴马丁香（*Syringa reticulata*）、金露梅（*Potentilla fruticosa*）等
＞2100 m 的阴坡和 2500 m 的阳坡	亚高山草甸带	亚高山草甸土	蒿草属、苔草属、委陵菜属的草本植物

注：数据参考鲁少波（2009）

2.4　动植物资源

河北小五台山国家级自然保护区位于华北植物区系的中心地带，属森林和野生动物类型系统保护区，是华北地区生物多样性最丰富的区域和自然植被保存最完整的地区之一，主要保护对象是暖温带森林植被和褐马鸡（*Crossoptilon mantchuricum*）等国家重点保护野生动植物。该保护区具有重要的保护价值。

小五台山自然保护区的植物区系，隶属于泛北极植物区的中国-日本植物亚区、华北地区。保护区内不仅有华北植物区系的代表植物，而且还有东北和华中植物区系的植物及一些具有热带亲缘的植物。小五台山地区植物种类繁多，是华北地区植物种类最丰富的地区之一。据统计，目前保护区内野生高等植物 1637 种，隶属于 156 科 628 属。其中，苔藓植物 38 科 98 属共 244 种；蕨类植物 16 科 24 属 60 种；裸子植物 4 科 9 属 13 种；被子植物 98 科 497 属 1320 种。该区内有国家重点保护植物胡桃楸（*Juglans mandshurica*）、野大豆（*Glycine soja*）、膜荚黄芪（*Astragalus membranaceus*）等。中国特有植物有虎棒子（*Ostryopsis davidiana*）、蚂蚱腿子（*Myripnois dioica*）、文冠果（*Xanthoceras sorbifolia*）和臭冷杉（*Abies nophrolepis*），其中臭冷杉是河北省稀有树种，仅在小五台山有少量分布（刘全儒等，2004；鲁少波，2009）。

保护区内动物资源也十分丰富，保护区的动物物种丰富度在我国北方是比较高的地区之一。目前已发现共有哺乳动物 86 种，如金钱豹（*Panthera pardus*）、黄鼬（*Mustela sibirica*）等；鸟类共 56 种，主要有褐马鸡、星鸦（*Nucifraga caryocatactes*）、柳莺（*Phylloscopu sproregulus*）、环颈雉（*Phasianus coichicus*）等；两栖类有中华大蟾蜍（*Bufo gargarizans*）、中国林蛙（*Rana chensinensis*）等；爬行类有蝮蛇（*Agkistrodon halys*）、双斑锦蛇（*Elaphe bimaculata*）等；昆虫有 16 目 130 科 1500 种，以鳞翅目（Lepidoptera）、鞘翅目（Coleoptera）、半翅目（Hemiptera）居多。

保护区内的褐马鸡和金钱豹均为国家一级重点保护动物。褐马鸡在国际上被誉为“东方宝石”，和“国宝”大熊猫齐名，与金钱豹均属于中国特有种。国家二级重点保护动物有苍鹰（*Accipiter gentilis*）、勺鸡（*Pucrasia macrolopha*）、雕鸮（*Bubo bubo*）、斑羚（*Naemorhedus goral*）等。保护区内河北省重点保护野生陆生动物有 27 种。这些野生动物均栖息于海拔 1800～2300m 的针阔混交林或纯针叶林、阔叶林中。

小五台山保护区具有植被类型完整、森林生态系统受人为干扰小等特点，为物种多样性和遗传多样性提供了广阔的生存空间，特别为褐马鸡、金钱豹等珍稀野生动物提供了生存栖息环境。研究植物种群特征对于保护珍稀动物也具有重要意义。

第3章　青杨种群野外调查方法与资料的收集

本章主要概述在小五台山保护区内开展的野外调查过程中的样地设置、数据采集及相关的主要环境因子调查分析方法。

3.1　气候资料收集

根据距离小五台山最近（离采样点西北部约 30 km）的河北省蔚县气象站（东经 114°34′，北纬 39°50′；海拔 909.5 m）提供的 1954～2011 年的观测数据（数据源来自中国气象局国家气象信息中心），通过线性回归方法分析近 58 年年平均气温和年降水量在不同时段的变化趋势（图 3-1）。

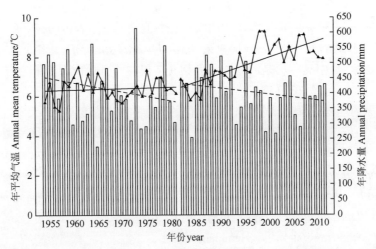

图 3-1　蔚县气象站 58 年（1954～2011 年）年降水量（柱条）、年平均气温（三角折线）的逐年变化和年降水量趋势线（虚线）及年平均气温趋势线（实线）（黄科朝等，2014）

Fig. 3-1　Distribution of mean annual precipitation（bar）and air temperature（line with triangles），trend line of annual precipitation（dotted line），and trend line of annual air temperature（solid line）during 1954～2011 year at the Yuxian Meteorological Station，Hebei province，China

对蔚县地区过去 58 年平均气温和降水量的变化趋势分析发现（图 3-1），在 1982 年之前的 28 年间该地气候变化比较稳定，当地温度和降水的变化幅度并未发生明显的波动；然而在过去 30 年（1982～2011 年）该地区年平均气温有逐渐升高的趋势（R^2=0.545，P<0.0001），这个结果与近年来全球气候变暖的趋势比较吻合（沙万英等，2002）。而年降水量虽然有趋于减少的迹象，但不明显

（R^2=0.023，P=0.205；图 3-1）。这可能是由于当地山地地形导致的地形雨，使得当地的降水并没有明显减少的趋势。因此，该区域变暖的气候条件为我们开展气候变化对青杨种群的影响提供了理想的场所。

3.2　样　地　设　置

样地设置在保护区内沿河谷有大面积的自然青杨林分布（海拔 1400～1700 m）的西金河沟内。该地为河流冲蚀地带，普遍土层较薄，土壤类型为山地棕壤，受积温较低影响土壤腐殖层较厚。

分别在海拔 1400 m、1500 m、1600 m、1700 m 青杨种群集中分布区各设置 4 个 20 m×20 m 的样方，共计 16 个。把每个 20 m×20 m 的样方分为 4 个 10 m×10 m、16 个 5 m×5 m 的小样方。

3.3　生境因子调查

对 16 个 20 m×20 m 的群落样方进行土壤取样，取样点的位置分别是接近于样方对角线的交点处和样方四个角附近。取样深度为 0～30 cm，每 10 cm 取定量土样，然后混匀。每个样地实测空气湿度、光照强度、土壤（土壤含水量、土壤pH、土壤有机质、土壤全 N、土壤全 P、土壤全 K）。

由表 3-1 可知，光照强度和土壤主要理化指标（包括 pH、有机质、全 N、全 P、全 K）在海拔梯度之间无显著差异。土壤含水量在海拔 1500 m 和海拔 1700 m 之间有显著差异，空气湿度在海拔 1700 m 处显著低于其他海拔处。

表 3-1　不同海拔样地的背景值（王志峰，2011a）

Table 3-1　Description of the study sites at different altitudes

参数 Parameter	海拔 Altitude/m			
	1400	1500	1600	1700
空气湿度 Air humidity/%	95.30±0.30a	95.00±0.00a	95.00±0.00a	89.50±0.90b
光照强度 Light intensity/lx	0.20±0.05a	0.11±0.01a	0.19±0.02a	0.27±0.10a
土壤含水量 Soil moisture/%	16.40±2.70ab	11.50±1.00b	16.30±0.70ab	18.50±0.90a
pH(H$_2$O)	6.22±0.14a	6.50±0.09a	6.36±0.18a	6.45±0.05a
有机质 Organic matter/(g/kg)	92.74±15.70a	70.72±13.01a	81.40±10.65a	74.45±4.66a
全 N/(g/kg)	3.87±0.58a	3.59±0.64a	4.31±0.21a	4.45±0.74a
全 P/(g/kg)	0.83±0.03a	0.77±0.03a	0.82±0.03a	0.84±0.09a
全 K/(g/kg)	22.28±0.44a	22.25±1.98a	19.49±0.26a	19.31±0.21a

注：测定值为平均值±标准误（n=4），同一行中不同的小写字母表示不同海拔间指标有显著差异（采用 Duncan 多重检验法；$P<0.05$）。Mean±SE（n=4）. The different letters in the same line among treatments are significantly different at $P<0.05$ level according to Duncan's test

3.4　林分调查

采用种群常规调查方法（周纪纶等，1992）调查各样方内青杨植株的数量、胸径、性别，并对每株进行标号。性别鉴定通过使用花期花部识别的方法辨别，连续观察 2 年，而通过无性繁殖生长的、花期内所有未开花的植株则主要通过其母株的性别确定其性别（Rood et al.，1994）。野外调查从 2009 年持续到 2015 年。

第4章 种群的结构和动态

在自然条件下，种群往往处于一个不断变化的动态平衡中，其个体的数量和空间分布都由若干环境因素来支配，这些因素通过对种群个体的更新、生长过程施加影响使种群特征在不同时期发生变化。通过对这些变化的研究可以很好地揭示环境条件对种群特征的影响，同时也可为濒危动植物保护和入侵生物防治提供最直接的理论依据，所以成为生态学中最重要的研究领域之一（周纪纶等，1992；Molles，2007）。一般而言，植物种群的结构主要包括空间结构、种群密度、出生率、死亡率、性比、年龄结构等。其中，种群年龄结构是种群的重要特征，对种群年龄结构的分析有利于揭示种群结构现状和更新策略，对了解种群历史，分析、预测种群动态具有重要作用（牛翠娟等，2007）。其中，本章对小五台山青杨种群的结构和动态进行探讨，统计分析其种群数量特征，并对青杨种群进行生存力分析，为青杨种群资源的保护与管理奠定理论基础。

4.1 种群结构与动态研究方法

4.1.1 年龄测定

测定样方内所有生长良好植株的树龄。树龄测定方法采用树木生长锥钻取树干 1.3 m 处木芯，自然干燥后固定，将固定好的样芯依次用不同粒级的干砂纸打磨，使样本达到光、滑、亮，再用解剖镜（Motic SMZ-168，中国）观察断年。解析样木主要测树因子见表 4-1。

表 4-1 解析样木主要测树因子（李霄峰等，2012a）

Table 4-1 Summary of tree variables for tree analysis

变量 Variable	年龄 Age/年		胸径 DBH/cm		株高 Height/m	
	雄株 M	雌株 F	雄株 M	雌株 F	雄株 M	雌株 F
均值 Mean	37	33	30.3	24.2	18.7	17.5
标准误 SE	2	2	2.6	1.6	0.8	0.7
中值 Median	39	32	31.0	25.0	19.3	19.0
众数 Mode	41	30	13.4	33.8	13.5	19.0
标准差 SD	8	9	10.5	8.8	3.3	4.0
方差 Variance	70	82	111.3	78.1	11.1	15.7
极小值 Min	21	17	13.4	9.2	13.5	8.0
极大值 Max	50	50	52.6	42.4	24.0	22.5

注：F：Females 雌株；M：Males 雄株（n=16 in Males，n=29 in Females）

4.1.2　空间分布格局测定

种群空间分布格局是种群的重要结构特征之一，对于确定种群特征及种群与环境之间的关系有重要作用。对空间分布格局的研究有助于了解种群在空间上的数量变化、预测种群消长的动态，因此一直是种群生态学研究中最活跃的一个领域。测定种群分布格局类型的数学模型很多，本书采用以下方法测定种群的分布格局（张育新等，2009）。

在空间分布格局研究中，往往假定物种服从 Poisson 分布（随机分布）。

（1）扩散系数（dispersal index，C）及其 t 检验

$$C = \frac{S^2}{\bar{x}}$$

式中，S 是种群多度的方差，$\bar{x}$ 是种群多度的均值。若 $C=1$，则种群为随机分布；$C<1$，种群为均匀分布；$C>1$，种群为聚集分布。

为检验种群分布格局偏离 Poisson 分布的显著性，可进行 t 检验，其表达式为

$$t = (C-1)\big/\sqrt{2/n-1}$$

式中，n 为样方数。

（2）Morisita 指数（Morisita index，MI）及其 F 检验（丛生指标）

$$MI = \frac{\sum x - \sum x}{\left(\sum x\right) - \sum x} \times n$$

当 MI=0 时，种群为随机分布；当 MI>0 时，种群为集群分布；当 MI<0 时，种群为均匀分布。

Morisita 指数的 F 检验的表达式为

$$F = \frac{I\left(\sum X - 1\right) + n - \sum x}{n-1}$$

分子自由度为 $n-1$，分母自由度为∞。式中，x 为观测值，n 为样方数。

（3）聚集指标（index of clumping，I）

$$I = \frac{S^2}{\bar{x}} - 1$$

当 $I=0$ 时，种群为随机分布；当 $I>0$ 时，种群为聚集分布，值越大聚集强度越大；当 $I<0$ 时，种群为均匀分布，值越小强度越大。

（4）负二项式参数（negative binomial parameter，K）

$$K = \overline{x^2}\big/(S^2 - \bar{x})$$

K 值越小聚集程度越大，若 K 值趋于无穷大（一般为 8 以上）（Gittins，1986），则种群接近随机分布。

（5）Cassie 指标（Cassie index，CA）

$$CA = \frac{1}{K}$$

K 为负二项分布的参数。当 CA=0 时，种群为随机分布；当 CA＞0 时，种群为聚集分布；当 CA＜0 时，种群为均匀分布。

（6）平均拥挤指数（index of mean crowing，M）和 Lloyd 聚块性指标（Lloyd index of patchiness，PAI）

$$M = \bar{x} + \left(\frac{S^2}{\bar{x}} - 1 \right)$$

$$PAI = M / \bar{x}$$

式中，S^2 是样方中个体数的方差，$\bar{x}$ 是样方中个体数的均值。当 PAI=1 时，种群为随机分布；当 PAI＞1 时，种群为集群分布；当 PAI＜1 时，种群为均匀分布。

4.1.3 静态生命表编制

生命表（life table）是表征种群全生活史中各年龄组个体数目的统计表。静态生命表又称特定时间生命表，是根据某一特定时间对种群作年龄结构调查，并根据调查结果而编制的生命表，是用空间代替时间来分析种群的年龄结构和动态。生命表既可以反映种群当前的年龄结构，也能预测种群将来发展的潜力。根据前面调查结果，我们以 6 cm 径级作为青杨种群划分区间，分别是 DBH≤6 cm、6 cm＜DBH≤12 cm、12 cm＜DBH≤18 cm、18 cm＜DBH≤24 cm……。其中，第 1 级为幼苗和幼树，第 2 级为小树，它们主要位于灌木层和乔木层底部。第 3 级为中树，该级青杨的高度变化较大。其余为大树，位于乔木层，高度趋于稳定。由于本节重点探讨高、低海拔下青杨种群的动态变化，因此只对样地内海拔 1400 m（低）和 1700 m（高）处样地内的青杨株数进行统计，编制静态生命表。

静态生命表包含以下内容：

x，龄级；l_x，x 龄级开始时的标准化存活数；d_x，从 x 到 $x+1$ 期的标准化死亡数；q_x，x 龄级的个体死亡数，$q_x = d_x / l_x \times 1000$；$L_x$，从 x 到 $x+1$ 时的平均存活的个数，$L_x = (l_x + l_{x+1})/2$；T_x，x 龄级及以上各龄级的个体存活总数，$T_x = l_x + l_{x+1} + \cdots + e_x$；$e_x$，进入 x 龄级个体的平均生命期望，$e_x = T_x / l_x$；a_x，x 龄级开始时的实际存活数；k_x，种群消失率，$k_x = \ln l_x - \ln l_{x+1}$；$S_x$，种群存活率，$S_x = l_{x+1}/l_x$。

生命表中除了各龄级的个体数量是调查获得外，其余加值均通过计算得到，现将各参数的关系式列于下：

$$l_x = a_x / a_0 \times 1000 \qquad (1)$$

$$d_x = l_x - l_{x+1} \qquad (2)$$

$$q_x = d_x / l_x \times 100\% \qquad (3)$$

$$L_x = (l_x + l_{x+1})/2 \tag{4}$$

$$T_x = \sum_{x}^{\infty} l_x \tag{5}$$

$$e_x = T_x / l_x \tag{6}$$

$$k_x = \ln l_x - \ln l_{x+1} \tag{7}$$

$$S_x = l_{x+1} / l_x \tag{8}$$

本书使用生存分析函数对两个海拔的青杨种群动态进行分析。生存分析函数可以更直观地展现种群中各龄级个体的生存状态，更好地分析种群动态变化。生存分析主要涉及生存率 $S_{(i)}$、累计死亡率 $F_{(i)}$、死亡密度 $f_{(ti)}$、危险率 $h_{(ti)}$ 这 4 个指标。各值可通过静态生命表获得，估算公式如下：

$$S_{(i)} = S_1 \times S_2 \times S_3 \cdots S_i \tag{9}$$

$$F_{(i)} = 1 - S_{(i)} \tag{10}$$

$$f_{(ti)} = (S_{(i-1)} - S_{(i)}) / h_i \tag{11}$$

$$h_{(ti)} = 2(1 - S_{(i)}) / [h_i (1 + S_i)] \tag{12}$$

式中，h_i 为龄级宽度。根据计算结果，绘制相应曲线。

静态生命表与动态生命表不同，包含的是同一时刻不同龄级个体的统计数量信息。有时，静态生命表中会出现低龄级的个体数量比高龄级的少的情况，这会导致死亡率为负值（李金昕等，2016）。Wratten 和 Fry（1980）认为在静态生命表中出现死亡率为负值是不符合假设条件的，故通过采用匀滑技术（江洪，1992）进行处理，得 a_x^*，以海拔 1400 m 处青杨种群为例，具体方法为：

通过处理种群统计资料得出结论：个体存活数在第 26 龄级和第 8～10 龄级发生波动。分别计算第 2～6 龄级和第 8～10 龄级这两个龄级段的和、平均数、最大差值及段内龄级数。经匀滑修正后，得到 a_x^*，并据此编制青杨种群的静态生命表。

4.1.4　谱分析

谱分析法作为分析事物周期性变化的方法，可以用来揭示种群数量分布的周期性变化规律，是研究林分分布波动和周期性年龄更替过程的工具（伍业钢和韩进轩，1988；洪伟等，2004）。龄级段不同，其波动的特点也往往不同。谱分析是由傅里叶级数的变换得到的，我们假设时间序列 x_t 可以由很多个波叠加组成，则可表示为

$$x_t = \sum_{i=1}^{k} (a_i \cos 2\pi f_i t + b_i \sin 2\pi f_i t) + \varepsilon_t \tag{13}$$

式中，f_i 指频率，t 指时间序号，k 指基波和其谐波的总数，ε_t 指标准误差（白噪声序列）。当频率 f_i 给定时，式（13）可当作多元线性回归模型进行求解。可以证

明，通过最小二乘法，待定系数 a_i、b_i 的估计为

$$\widehat{a_i} = \frac{2}{N} \sum_{t=1}^{N} x_t \cos 2\pi f_i t \tag{14}$$

$$\widehat{b_i} = \frac{2}{N} \sum_{t=1}^{N} x_t \sin 2\pi f_i t \tag{15}$$

式中，N 为观测值的个数，在种群波动性研究中指龄级的划分数。定义时间序列的周期图为

$$I(f_i) = \frac{N}{2}\left(a_i^2 + b_i^2\right), i = 1, 2, \cdots, k \tag{16}$$

其中，$I(f_i)$ 为频率 f_i 处的强度。一般以 f_i 的最大值和极值为谱分析的特征值。

4.1.5 存活曲线的绘制

存活曲线（survivorship curve），是指种群个体在各年龄段的存活数量或者比例变化的曲线。它能直观地表达种群的存活过程，也可反映生物个体发育阶段对种群数量的调节状况。

存活曲线的绘制方法有两种，一种方法是以存活量的对数值 $\ln l_x$ 为纵坐标，以年龄 x 为横坐标作图；另一种方法是以存活数量对年龄作图，但年龄用平均寿命期望的百分离差来表示。本书以生命表中存活量 l_x 的对数值 $\ln l_x$ 为纵坐标，以年龄 x 为横坐标作图，即可绘制存活曲线。

4.2 种群平均胸径和密度

4.2.1 海拔梯度上种群平均胸径和密度

青杨种群的平均胸径在海拔梯度上具有"N"形分布特点。在图 4-1A 中，随着海拔的增加其种群的平均胸径先缓慢增加，后在海拔 1600 m 降至最小（21.2 cm），之后迅速增加，在海拔 1700 m 处达到最大值（35.6 cm）。种群密度在海拔梯度上也呈现两段式的分布特点，总体趋势与平均胸径相反，随着海拔的增加，种群密度呈先降低后增加的趋势，在海拔 1600 m 处达到最大值，后迅速下降，在海拔 1700 m 处达到最小值（图 4-1B）。

结合图 4-1A 和 4-1B 可以看出，随着海拔的增加，密度和平均胸径之间表现为负相关关系。这种关系体现了青杨种群具有自疏特性。随着种群的发育，个体不断增加，进而需要更多的资源用于维持自身生长，个体间为争夺有限的资源而展开激烈的竞争，从而引起自然稀疏。

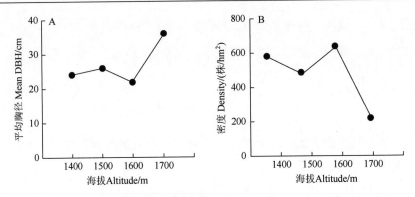

图 4-1　海拔梯度上青杨种群的平均胸径（A）和密度（B）（王志峰等，2011b）

Fig. 4-1　Mean DBH（A）and density（B）of *P. cathayana* populations along an altitudinal gradient

4.2.2　青杨雌雄群体的平均胸径和密度

　　除了青杨种群的平均胸径和密度随海拔有变化外，我们的调查还发现青杨雌、雄群体的平均胸径的分布及其沿海拔梯度的变化趋势不同。其中，雌株群体平均胸径在海拔梯度上的分布无显著差异，而雄株群体的平均胸径在海拔 1700 m 处最大（39.4 cm），显著高于其他海拔的雄性群体和雌性群体（图 4-2A）。这表明在 1700 m 海拔处青杨种群总体的平均胸径为最大，主要是因为该海拔下的雄株群体的胸径远大于其他海拔雄株群体胸径（图 4-1A）。

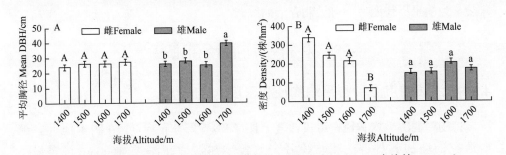

图 4-2　海拔梯度上青杨雌雄群体平均胸径（A）和密度（B）（王志峰等，2011a）

Fig. 4-2　Mean DBH（A）and density（B）of male and female plants of *Populus cathayana* along an altitudinal gradient

注：平均值±标准误。不同的大写（小写）字母标示不同海拔间雌（雄）株性状有显著差异（Duncan 多重检验法；$P<0.05$）。Mean±SE. The different capital（small）letter above the bars are significantly different in female（male）among treatments at $P<0.05$ level according to Duncan's test

　　从性别间植株密度上看，雌雄株群体随海拔的变化也不一致。随着海拔增加，雌株密度呈逐渐减少的趋势，且海拔 1700 m 处的雌株密度与其他海拔有显著差异，而雄株群体的密度在整个海拔梯度上并无显著差异（图 4-2B）。这说明环境变化对雌株生长的影响较大。这表明正是由于海拔 1700 m 的雌株群体密度显著低于其他海拔下的雌株群体密度，导致了该海拔下青杨总体的密度远小于其他海拔（图 4-1B）。

从图 4-2A 和图 4-2B 中可以看出，在海拔 1600 m 处，雌雄群体的平均胸径最接近（雌株群体平均胸径为 26.2 cm，雄株群体平均胸径为 24.9 cm），同时密度值（雌株群体密度为 211 株/hm^2，雄株群体密度为 206 株/hm^2）也最接近，表明在该海拔梯度上雌雄群体的生长繁殖速率最接近。

4.3　种群的年龄结构及类型

种群的年龄结构是种群内不同年龄个体数量的分布状况。在对植物种群的研究过程中，首先要确定种群的存活个体的年龄结构，再对其进行统计分析来了解种群的动态变化过程（牛翠娟等，2007）。种群的年龄结构往往是通过描述种群中各年龄期个体数在种群中所占的比例来表示，大致可分为 3 种类型：①增长型：种群中幼年个体很多，老年个体很少，这样的种群处于发展时期，种群的密度会越来越大。②稳定型：种群中各年龄期的个体数目比例适中，这样的种群处于稳定时期，种群密度在一段时间内会保持稳定。③衰退型：种群中幼年个体较少，而老年个体较多，这样的种群处于衰退时期，种群密度会越来越小。种群年龄结构分析对于了解种群历史，分析、预测种群动态具有重要价值（牛翠娟等，2007），是揭示种群结构现状和更新策略的重要途径之一（Knowles and Grant，1983；董鸣，1987）。

4.3.1　青杨种群总体的年龄分布

本书通过结合生长测量统计和树木年轮法，测定样方中的树木年龄，再根据各年龄段个体数量绘制青杨种群的年龄结构图（图 4-3）。从青杨种群的年龄结构图中可以看出：青杨种群年龄大小结构中 5 龄（年）以下的株数远远多于其他各龄级的株数，表明种群有丰富的幼苗储备（约占 85%），具有较好的自然更新能力；6～15 龄出现年龄断层，表明这一年龄段没有植株存活；16～60 龄的成年立木，其年龄结构呈现正态分布的特点，其中在 31～40 龄段种群数量出现高峰。

青杨种群整体上表现出的年龄结构分布与其生物特性及生境条件有关。根据野外调查，在青杨树干周围的幼苗相对较多。这一方面说明青杨幼苗成活率高；另一方面说明一定的遮阴环境有利于幼苗的成长。随着幼苗的生长，其对光照资源的要求逐渐增加，在郁闭度较高的林下，幼苗由于光照条件限制而无法生长，被环境筛选后，导致进入演替层的青杨很少。5～15 龄出现的年龄断层一方

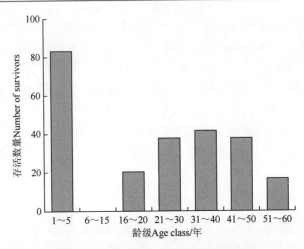

图 4-3　青杨种群存活个体数量的年龄结构

Fig. 4-3　The age structure of *P. cathayana* population

面证实了幼苗受环境筛选的影响很大，幼苗进入演替层的概率几乎为零；另一方面也说明在实际演替中完全淘汰幼苗是不可能出现的，这可能是因为野外调查的青杨样本量还不够大，从而导致出现年龄断层。15～60 龄青杨存活数量表现出先随龄级的增加而增加，在 31～40 龄级段达到高峰后，再随龄级的增加而减少，说明种群处于增长阶段，为正常种群中的成熟种群。

　　然而，上述青杨种群的增长特点与生态学中常见的 3 种存活率曲线都不相同：Type Ⅰ型为幼年低死亡率，老年高死亡率；Type Ⅱ型老幼群体死亡率相似；Type Ⅲ型为幼年死亡率高，老年死亡率低（牛翠娟等，2007）。对于小五台山青杨种群出现的种群年龄分布特点，将在第 5 章对其各个年龄群体分别进行研究。

4.3.2　海拔梯度上种群径级结构及类型

　　种群年龄结构一般通过径级结构来表征，乔木的年龄常采用径级法确定（蔡飞和宋永昌，1997）。根据小五台山青杨的胸径和生长史，我们将青杨径级分为 4 个径级：Ⅰ，DBH＜20 cm，代表幼树和小树；Ⅱ，20 cm≤DBH＜30 cm，代表中树；Ⅲ，30 cm≤DBH＜40 cm，代表大树；Ⅳ，DBH≥40 cm，代表老树（图 4-4）。

　　低海拔Ⅰ级植株占种群的比例大，种群表现为增长型（图 4-4A，图 4-4B，图 4-4C）。在高海拔（1700 m），Ⅰ级植株在种群中的比例降低，Ⅲ级植株比例增加，导致种群表现为下降型（图 4-4D）。结合图 4-1A 可以发现，随着平均胸径的增加，Ⅰ级植株的比例减小，这直接影响了种群的稳定性。

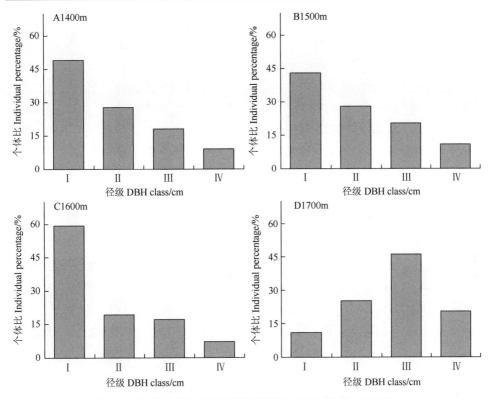

图 4-4　海拔梯度上青杨种群径级结构（王志峰等，2011b）

Fig. 4-4　Size class structure of *P. cathayana* populations along an altitudinal gradient

　　研究结果表明，种群结构的稳定性与平均胸径有关。种群结构会随着平均胸径的增大从增长型过渡为衰退型。海拔 1700 m 平均胸径最大，意味着种群在该海拔梯度上繁衍时间最久，但该梯度上的种群却表现为衰退型，Ⅰ级植株所占种群比例只有 10%。该结果表明青杨种群在该海拔梯度上更新不良，不适宜在此环境下繁殖，也表明高海拔下的低温抑制了种群的生长。其他海拔梯度上，Ⅰ级植株占种群的比例随着平均胸径的增大而降低。海拔 1600 m 处平均胸径最小，Ⅰ级植株占种群的比例接近 60%，说明该海拔梯度幼株充裕，种群将处于快速增长阶段。平均胸径的大小在海拔 1400 m 和 1500 m 处相近，种群结构也在海拔 1400 m 和 1500 m 表现出相似的特征。海拔 1400 m 和 1500 m 处，Ⅰ级植株占种群的比例都低于 50%，虽然仍处于增长阶段，但相对海拔 1600 m，增长速度已经放缓，随着Ⅱ级植株、Ⅲ级植株的增多，有逐步向稳定型种群发展的趋势。

4.3.3　海拔梯度上雌雄各群体年龄结构及类型

　　将植株按性别进行研究，导致各个径级的植株数量减少。根据青杨的生长规律，我们将青杨种群分为 3 个径级：Ⅰ，DBH＜20 cm，代表幼树和小树；Ⅱ，20 cm≤DBH＜35 cm，代表中树；Ⅲ，DBH≥35 cm，代表老树。

图 4-5 中，在海拔 1700 m，群体中Ⅰ级植株数量减少，Ⅲ级植株数量增多，导致青杨雌雄群体在此海拔梯度上都表现为衰退型。在其他海拔梯度上，Ⅰ级和Ⅱ级植株占群体比例大，Ⅲ级植株占群体的比例小，雌雄群体都表现为稳定型。图 4-4A 中，Ⅰ级和Ⅱ级植株占雌株群体比例最大的海拔是 1400 m。与雌株群体不同，雄株群体中Ⅰ级和Ⅱ级植株占群体比例最大的海拔是 1600 m（图 4-5B）。

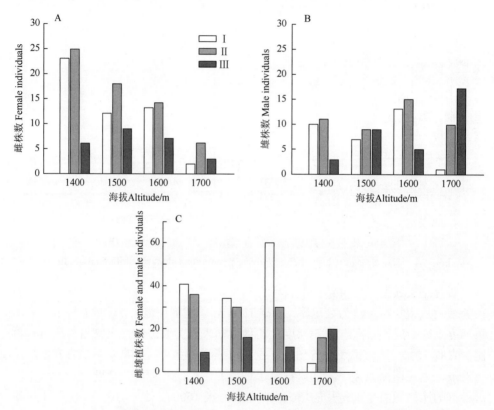

图 4-5　海拔梯度上青杨雌（A）、雄（B）和总植株群体（C）径级结构

Fig. 4-5　Size class structure of female（A）male（B）and total individuals（C）of
P. cathayana along an altitudinal gradient

研究还表明，随着种群平均胸径增大，Ⅰ级和Ⅱ级植株占群体比例会下降，群体会从稳定型转变为衰退型。海拔 1700 m 处，雄株群体平均胸径最大，群体结构表现为衰退型，说明虽然雄株在高海拔占优势，但依然是不利于其生存的。而海拔 1400 m 处，雌株群体平均胸径最小，但群体结构是所有海拔梯度中稳定性最高的；雄株群体结构则在海拔 1600 m 处稳定性最高。这说明随着海拔的变化，

雌、雄群体会选择最适合自身生长的环境进行繁殖，即雌株适合在低海拔进行繁殖生长，而雄株则适合在较高海拔生长，这与先前的研究结论一致（胥晓等，2007）。

对青杨种群和雌雄群体进行分析，发现雄株群体在海拔梯度上的分布特征与种群的分布特征相似；同时，根据青杨种群在海拔梯度上的径级结构和分布数量，发现海拔 1600 m 是青杨种群的最适繁殖区域。

除此之外，通过对比种群与雌雄群体径级结构和平均胸径、密度在海拔梯度上的变化趋势（图 4-5，图 4-6），我们发现种群的平均胸径和密度在海拔梯度上的变化趋势与雄株群体相似；种群处于最快增长阶段时，雄株群体的径级结构也恰好是最稳定的。同时，结合表 4-2，我们还发现，当性比偏雄性时，种群表现为衰退型；当性比偏雌性时，种群表现为增长型，Ⅰ级植株占种群的比例不到 50%；而当性比几乎为 1∶1 时，Ⅰ级植株占种群的比例接近 60%，相对于性比偏雌的种群，该种群处于更快的增长阶段。因此，我们可以得到以下结论：青杨雄株群体的变化可能会影响整个种群的变化；当青杨雌雄性比为 1∶1 时，有利于种群的繁衍；而当种群性比偏雄性时，则会对种群产生不利的影响。

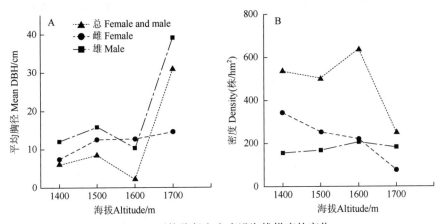

图 4-6　平均胸径和密度沿海拔梯度的变化

Fig. 4-6　Mean DBH and density of male and female *P. cathayana* populations along an altitudinal gradient

表 4-2　海拔梯度上青杨雌雄群体性比（王志峰，2011a）

Table 4-2　Sex ratio of male and female *P. cathayana* at different altitudes

海拔 Altitude/m	雄株数 Males	雌株数 Females	雄株/雌株 M/F	χ^2	P
1400	24	54	0.44	5.91	<0.05
1500	25	39	0.64	2.64	>0.05
1600	33	34	0.97	0	>0.05
1700	28	11	2.55	6.56	<0.05
Total	110	138	0.80	2.94	>0.05

4.4 性　比

　　植物种群的性比是指植物种群中雌雄单位数的比率。Fisher 早在 1930 年就对植物种群的自然性比有过预测：自然选择使种群性比偏向于 1：1，即雌雄均等的种群性比（Fisher，1930）。但在自然界的雌雄异株植物当中，与性别相关的生活史特征往往导致雌雄异株植物形成与性别相关的种群结构，雌雄植株的空间位置及种子传播能力决定了新生个体的初始空间格局甚至种群的空间结构（张春雨，2009；Tognetti，2012），从而使性比也存在差异。同时植物雌雄个体间在生长速度、大小、抗逆境能力方面都有着较大的差异，这些差异可能直接会改变种群的性比（胥晓等，2007；Tognetti，2012）。种群性比的变化会影响种群的结构、动态和发展，因而对种群性比的研究一直是植物种群学的重要内容之一（林益民，1993）。

　　以往的研究表明，在不同海拔梯度下，雌雄异株植物的种群分布是有明显差异的。例如，Grant 和 Mitton（1979）在对 304 株颤杨（*Populus tremuloides*）的研究中发现，在不同的海拔上，颤杨雌雄之间有明显的分离模式。从整体上看，雌雄比例接近 1：1，但从不同海拔梯度上来看，随着海拔的上升，雌性所占的比例越来越小。在海拔 2750 m 以上，雄株占据主导地位，两者之间的比例达 2：1，但在海拔 2750 m 以下，雌株明显占优势（Grant and Mitton，1979）。Ortiz 等（2002）对刺柏（*Juniperus communis*）的研究也表明性比（♂/♀）随着海拔的升高而增加，在海拔 2600 m 处显著偏雄性。Marques 等（2002）对 *Boccharis concinno* 雌雄性别比的研究表明，低海拔处的雌株数量比高海拔多，因而导致低海拔处雌株占优势，随着海拔升高至 1400 m 处，雄株占优势。然而也有研究发现，虽然不同海拔梯度上湖靛（*Mercurialis perennis*）的性别比也有所差异，但是在最低海拔上，性比超过了 3.91：1；随着海拔的升高，雄株数量逐渐减少，所占比例由 79.6%下降到 41.0%（Cvetkovic and Jovanovic，2007）。Li 等（2005，2007）对四川卧龙保护区的沙棘（*Hippophae rhamnoides*）雌雄性别比的研究发现：雌雄性别比随着海拔的增加不是呈线性关系的，在海拔 2800 m 以下，随着海拔的升高，性比逐渐降低；在海拔 2800 m 以上，性比随海拔的升高而增加。这些研究表明海拔差异会对雌雄植株种群的性比产生影响，且雌雄异株植物的性比随海拔的变化规律与物种、海拔有关。那么在小五台山地区，青杨种群性比是否会随海拔不同而出现差异呢？

　　本书在整个海拔梯度上，除未确定性别的植株外，共调查到 DBH≥4 cm 的青杨 311 株，其中雌树 138 株，雄树 110 株，枯立木 63 株。对性比的研究结果显示，青杨性比随海拔梯度的增加而增加（表 4-2）。在低海拔（1400 m）处，性比为 0.44

（♂/♀），性比显著偏雌性（$\chi^2_{1400}=5.91$，$P<0.05$）；而在高海拔（1700 m）处，性比（♂/♀）为 2.55，则显著偏雄性（$\chi^2_{1700}=6.56$，$P<0.05$）；在海拔 1500 m 和 1600 m 处，性比（♂/♀）接近于 1∶1（$\chi^2_{1500}=2.64$，$P>0.05$；$\chi^2_{1600}=0$，$P>0.05$）。此外，从整个青杨种群分布的海拔范围来看，其性比（♂/♀）接近 1∶1（$\chi^2=2.94$，$P>0.05$）（表 4-2）。

从种群的更新来看，雌雄植株的性比会对其产生影响。当性比偏离 1∶1 时，植株有性繁殖的概率降低，种群中实生幼苗数目减少，自然更新能力下降，植物种群的扩展和繁衍受到限制。尽管在适宜的条件下部分植株也可以通过无性繁殖来维持种群的规模，但长期无性繁殖的结果将会导致遗传基因多样性下降，从而对外界环境的抗逆能力降低，最终导致种群衰退。而雌雄植株的性比接近 1∶1，会使该类植物有性繁殖的概率最大化，有利于维持种群的遗传多样性，弥补种群通过无性繁殖去适应环境变化的局限性，从总体上促进种群的自然更新和扩展能力，进而保证该类植物种群对复杂多变环境的适应。

对于雌雄异株植物性比的变化原因，已有研究认为种群偏雄性是由于雌树在性成熟时较高的繁殖投资导致雌树产生高死亡率，以致种群性比出现偏倚（Waser，1984；Allen and Antos，1993）。研究中对样地内青杨枯木进行统计时发现所有枯木均未达到开花（性成熟）年龄，说明这些植株并不是由于繁殖过程中投资过多而死亡，因此，该结论不适合解释本研究中出现的种群偏雄。对此，作者推测出现这种现象的原因可能与雌雄个体之间对环境因子梯度变化的响应差异有关。通过对不同海拔梯度的环境指标进行测定发现，除土壤含水量和空气湿度在个别海拔之间略有差异外，其他指标在海拔梯度上均无显著差异（表 3-1），而温度受海拔的影响最大（潘红丽等，2009）。根据 Xu 等（2010b）的研究结果，青杨雌株适宜在温暖湿润的环境中生存，而环境胁迫下雄株的适应能力明显高于雌株。所以，我们认为雌雄异株植物种群的性比在低海拔偏雌、高海拔偏雄的现象很可能与雌雄个体在不同海拔的适应差异有关，这种适应差异将直接影响雌雄之间的竞争和生存能力的大小。同时，由于受到不同海拔区域温度的影响，种子萌发也有可能影响种群性比的偏倚。在高海拔区域（低温环境中）雄株的抗寒性比雌株强（Li et al.，2005），这种长期适应环境的结果可能会导致发育成雄株的种子更易萌发和生长，而在低海拔区域（温暖环境）则正好相反。

4.5　种群空间分布格局

种群空间分布格局是指种群个体在群落中的空间分布状况，是在水平空间上种群个体之间彼此的相互关系，是种群的重要结构特征之一。种群的分布格局是种群的生物学特性、种内和种间关系及环境条件综合作用的结果，也是种群对环境长期适应和选择的结果。

　　种群内各个个体之间及个体与其生存环境之间存在着相互作用，使种群内个体在其生存环境内有一定的分布方式，即为种群的空间分布格局。目前，人们通常把空间分布格局分为随机分布型、聚集分布型和均匀分布型 3 种（牛翠娟等，2007）。

　　种群空间分布格局一直是种群生态学研究中最活跃的一个领域。研究种群空间分布格局不仅可以定量地描述种群在空间的数量变化，了解物种的生物学和生态学特性，还能揭示种群在群落中的地位和作用，从而掌握种间相互作用规律及其与环境的相互关系，同时可为了解群落演替研究提供科学依据。

4.5.1　不同取样面积下种群的空间分布格局

　　从不同取样面积模式下青杨种群空间分布格局的研究结果中可以看出，同一海拔下不同取样面积模式下的青杨种群空间分布格局不同，不同海拔下相同取样面积模式下的青杨种群空间分布格局也存在差异，但总体上均表现为随机分布和均匀分布（表 4-3，表 4-4）。结合野外调查情况和青杨本身的繁殖特性，分析造成青杨随机分布的原因可能与种子的散布有关。由于青杨种子是风媒传播，传播距离远，有较强的散布能力，而均匀分布则可能是个体之间竞争导致的（牛翠娟等，2007）。从表 4-3 中可以看出，在海拔 1600 m 处，随着取样面积的增大，青杨的空间分布格局由随机分布变为聚集分布，这说明在该海拔段较大的空间范围内存在较显著的生境异质性，导致资源分布不均匀（李媛等，2007）。

表 4-3　海拔梯度上不同取样面积青杨种群空间分布格局（王志峰等，2011b）

Table 4-3　Distribution pattern of *P. cathayana* populations at different sampling sizes and different altitudes

海拔 Altitude/m	取样尺度 Plot size/m×m	C	t 检验 t-test	分布类型 Distribution type	MI	F	分布类型 Distribution type
	5×5	0.86	−0.81	均匀	0.89	0.86	均匀
1400	10×10	1.21	0.58	随机	1.04	1.21	随机
	20×20	1.19	0.24	随机	1.01	1.19	随机
	5×5	0.79	−1.19	均匀	0.83	0.79	均匀
1500	10×10	0.75	−0.69	均匀	0.95	0.75	均匀
	20×20	0.93	−0.08	均匀	0.10	0.93	均匀
	5×5	1.01	0.06	随机	1.01	1.01	随机
1600	10×10	1.32	0.86	随机	1.05	1.32	随机
	20×20	3.20	2.70	聚集	1.07	3.20	聚集
	5×5	1.19	1.09	随机	1.31	1.19	随机
1700	10×10	0.59	−1.13	均匀	0.84	0.59	均匀
	20×20	0.60	−0.49	均匀	0.97	0.60	均匀

表 4-4　海拔梯度上不同取样面积青杨种群聚集程度

Table 4-4　Assemble intensity of *P. cathayana* populations at different sampling sizes and different altitudes

海拔 Altitude/m	取样尺度 Plot size/m×m	I	K	CA	M	PAI
	5×5	−0.14	−9.31	−0.11	1.20	0.89
1400	10×10	0.21	25.31	0.04	5.59	1.04
	20×20	0.19	110.94	0.01	21.69	1.00
	5×5	−0.21	−5.88	−0.17	1.04	0.83
1500	10×10	−0.25	−19.74	−0.05	4.75	0.95
	20×20	−0.07	−300.00	−0.003	19.93	0.10
	5×5	0.01	155.17	0.006	1.60	1.01
1600	10×10	0.32	20.24	0.05	6.69	1.05
	20×20	2.20	11.58	0.09	27.70	1.09
	5×5	0.19	3.23	0.31	0.82	1.31
1700	10×10	−0.41	−6.05	−0.17	2.09	0.84
	20×20	−0.40	−25.00	−0.04	9.60	0.96

　　对聚集指标的研究发现，当取样尺度大于 10 m×10 m 时，种群的分布格局不再随取样面积的大小变化（除海拔 1600 m 外）。因此，可以认为 10 m×10 m 较接近于青杨种群的自然斑块的大小，是进行青杨格局分析的较合适尺度。此外，研究还发现取样尺度对种群的聚集强度有影响。在低海拔（1400 m）处，不同取样尺度相比，10 m×10 m 取样面积青杨种群的聚集强度最高；在中等海拔（1500 m 和 1600 m）处，20 m×20 m 聚集强度较高；在高海拔（1700 m）处，5 m×5 m 聚集强度较高（表 4-4）。

4.5.2　种群径级植株的空间分布格局

　　由于Ⅲ级植株和Ⅳ级植株株数较少，因此统计时将Ⅲ级植株和Ⅳ级植株统归为一类级别。前面已经讲到 10 m×10 m 的取样尺度是进行青杨格局分析的较合适尺度，因此本小节中我们只探讨不同海拔梯度上青杨径级的植株在 10 m×10 m 取样尺度下的空间分布格局（表 4-5，表 4-6）。

　　在表 4-5 中，青杨种群成体和幼树的空间分布格局主要表现为随机分布和均匀分布两种类型。不同海拔梯度上的青杨成体和幼树聚集强度不同。在低海拔（1400 m）和高海拔（1700 m）处，中树聚集强度高；在中等海拔（1500 m 和 1600 m）处，小树聚集强度高。这可能是因为青杨个体自身的无性繁殖从而造成幼树聚集分布（表 4-6）。

表 4-5　海拔梯度上青杨径级植株空间分布格局

Table 4-5　Distribution pattern of different size classes of *P. cathayana* populations at different altitudes

海拔 Altitude/m	树木类型 Tree type	C	t 检验 t-test	分布类型 Distribution type	MI	F	分布类型 Distribution type
	大树	0.70	−0.81	均匀	0.44	0.70	均匀
1400	中树	1.22	0.59	随机	1.09	1.22	随机
	小树	1.20	0.53	随机	1.07	1.20	随机
	大树	0.67	−0.91	均匀	0.67	0.67	均匀
1500	中树	0.77	−0.62	均匀	0.88	0.77	均匀
	小树	1.37	1.02	随机	1.17	1.37	随机
	大树	1.16	0.43	随机	1.21	1.16	随机
1600	中树	0.77	−0.62	均匀	0.88	0.75	均匀
	小树	2.47	4.03	聚集	1.37	2.74	聚集
	大树	0.08	−2.51	均匀	1.26	1.33	随机
1700	中树	0.53	−1.28	均匀	0.53	0.53	均匀
	小树	0.80	−0.55	均匀	0	0.80	均匀

表 4-6　海拔梯度上青杨径级种群聚集程度

Table 4-6　Assemble intensity of *P. cathayana* populations with different size classes along an altitudinal gradient

海拔 Altitude/m	树木类型 Tree type	I	K	CA	M	PAI
	大树	−0.30	0.01	100	0.27	0.47
1400	中树	0.22	10.47	0.10	2.47	1.10
	小树	0.20	13.13	0.08	2.76	1.08
	大树	−0.33	−3.00	−0.33	0.67	0.67
1500	中树	−0.23	−8.27	−0.12	1.65	0.88
	小树	0.37	5.70	0.18	2.50	1.18
	大树	0.16	4.82	0.21	0.91	1.21
1600	中树	−0.23	−8.27	−0.12	1.65	0.88
	小树	1.47	2.55	0.39	5.22	1.39
	大树	−0.92	3.75	0.27	0.33	0.27
1700	中树	−0.47	−2.14	−0.47	0.53	0.53
	小树	−0.20	−1.25	−0.80	0.05	0.20

　　从表 4-5 和表 4-6 中可以看出,海拔梯度上青杨不同径级植株的空间分布格局受种群年龄结构的影响。结合图 4-4,我们发现当种群处于快速增长时,小树表现为聚集分布;增长速度减缓时,小树表现为随机分布;当种群处于下降型时,

小树表现为均匀分布。这是由于各个海拔梯度上的环境差异，当小树向中树、中树向大树成长时，可能会造成不同的存活率，最终影响中树和大树的分布格局。而种群在海拔 1600 m 处的径级空间分布格局能够较好地反映出种群的年龄结构对其的影响。当种群处于快速增长型时，小树充裕，表现为聚集分布；随着植株的长大，彼此间竞争加剧，会导致部分植株死亡，从而使中树表现为均匀分布格局。而均匀分布表明彼此间还存在着竞争关系（牛翠娟等，2007）。这种竞争关系使得植株向大树成长的过程中部分植株死亡，最终形成随机分布。此外，种群聚集强度在海拔梯度上的变化可能也与种群年龄结构的不同有关。

4.5.3　雌雄各群体的空间分布特征

10 m×10 m 的取样面积是研究青杨种群较适宜的研究区域。本节只在 10 m×10 m 取样面积中探讨青杨雌雄群体的空间分布格局。

由表 4-7 可知，青杨雌雄群体的空间分布格局与海拔有关。在海拔 1400 m 处，雌雄群体均表现为随机分布。在海拔 1700 m 处，雌株群体表现为聚集分布，而雄株群体表现为随机分布。其他海拔梯度上，雌雄群体都表现为聚集分布。总体上来说，海拔梯度对雌雄群体的空间分布有一定的影响。在低海拔处，群体都表现为随机分布；随着海拔的升高，群体则表现为聚集分布。由于青杨种子是风媒传播，传播距离远，有较强的散布能力。而青杨植株自身也存在无性繁殖现象（野外调查发现，有以一母株为中心伴生无性分株的丛生现象），这种现象可能有利于雌雄植株形成聚集分布。然而通过对聚集指标的分析，我们发现青杨种群主要表现为随机分布和均匀分布（表 4-7）。出现这种情况的原因，我们推测是由于青杨同时进行无性繁殖和有性繁殖造成的。而在高海拔（1700 m）下，青杨雌雄群体表现出不同的分布格局，说明在低温抑制青杨生长的环境中，雄株的耐受性比雌株更强，因而表现出不受环境因子限制的随机分布格局，这也印证了该海拔梯度下雄株的平均胸径远远大于雌株。

表 4-7　青杨雌雄群体的分布格局与聚集强度（王志峰等，2011b）

Table 4-7　Distribution pattern and aggregation intensity of female and male plants of *P. cathayana*

海拔 Altitude/m	性别 Sex	C	t 检验 t-test	分布类型 Distribution type	I	K	CA	M	PAI
1400	F	1.05	0.13	随机	0.05	74.63	0.01	3.48	1.01
	M	1.16	0.43	随机	0.16	9.64	0.10	1.66	1.10
1500	F	2.30	3.55	聚集	1.30	1.88	0.53	3.73	1.53
	M	3.07	5.67	聚集	2.07	0.76	1.32	3.63	2.32

续表

海拔 Altitude/m	性别 Sex	C	t 检验 t-test	分布类型 Distribution type	I	K	CA	M	PAI
1600	F	3.07	5.66	聚集	2.07	1.03	0.97	4.19	1.97
	M	2.15	3.19	聚集	1.16	1.77	0.56	3.23	1.56
1700	F	1.69	1.89	聚集	0.69	1.00	1.01	1.38	2.01
	M	1.18	0.50	随机	0.18	9.67	0.10	1.93	1.10

注：F：Female 雌株；M：Male 雄株

　　另外，聚集强度指标研究结果显示海拔梯度对雌雄群体聚集强度有明显的影响。随着海拔的变化，群体的聚集强度也发生变化，并且这种变化在雌雄群体之间有差异。雌株群体的 PAI 值随着海拔的升高逐渐增加，雄株群体的 PAI 值却随着海拔的升高呈现出先增加后减少的趋势（表 4-7）。

4.6　静态生命表及存活曲线

　　种群的龄级结构是指各龄级组在种群中所占的比例及其数量，它是编制种群生命表的前提，根据生命表能获得该种群的存活率、死亡率、内禀增长率等特征参数和关键信息，可进一步结合生存分析函数对其生活史特征和变化趋势进行分析。谱分析法作为分析事物周期性变化的方法，可以用来揭示种群数量分布的周期性波动，是研究林分分布波动和周期性年龄更替过程的工具。龄级段不同，其波动的特点也往往不同。因此，种群生命表和谱分析这两种方法对研究种群数量动态和种群生活史特征具有重要的参考价值，同时也可以为野生动植物保护策略的制定提供重要依据。

4.6.1　静态生命表

　　我们根据高（1700 m）、低（1400 m）两个海拔生境下的青杨种群的调查资料，编写了种群静态生命表（表 4-8，表 4-9）。表中 a_x 的值显示了青杨的种群龄级结构。由表 4-8 可知，低海拔青杨种群的幼苗和幼树的数量巨大，这说明该种群的生殖能力强。第 1、第 2 龄级占总数的 90.0%，第 3～7 龄级占总数的 9.4%，其余占 0.6%，这表明种群为增长型。第 2、第 3 和第 4 龄级的个体数均小于后一龄级，显示种群更新存在着强烈的波动。除第 1 龄级外，种群个体数在第 5 龄级最多。第 6～8 龄级，龄级个体数减少加快。第 9 龄级时，个体数为 0。第 10 龄级多于第 9 龄级，表现出波动性。由观察可知，龄级个体数越小时，波动越明显，这种情况下的波动表现出一定的随机性。第 2～8 龄级，e_x 值均大于 1，显示该龄级有较高的预期寿命。

表 4-8　低海拔（1400 m）青杨种群静态生命表

Table 4-8　Static life table of *P. cathayana* population at 1400 m

龄级	组中值	a_x	a_x^*	l_x	$\ln l_x$	d_x	q_x	L_x	T_x	e_x	k_x	S_x
1	3	683	683	1000	6.908	975	0.975	512	632	0.632	3.693	0.025
2	9	10	17	25	3.214	1	0.059	24	119	4.794	0.061	0.941
3	15	12	16	23	3.154	1	0.062	23	95	4.063	0.065	0.938
4	21	14	15	22	3.089	1	0.067	21	72	3.300	0.069	0.933
5	27	19	14	20	3.020	1	0.071	20	51	2.500	0.074	0.929
6	33	18	13	19	2.946	6	0.308	16	31	1.654	0.368	0.692
7	39	9	9	13	2.578	9	0.667	9	15	1.167	1.099	0.333
8	45	3	3	4	1.480	1	0.333	4	7	1.500	0.405	0.667
9	51	0	2	3	1.074	1	0.500	2	3	1.000	0.693	0.500
10	57	2	1	1	0.381	1	1.000	1	1	0.500	0.381	0

注：a_x：Survival number 存活数；l_x：Survival quantity 存活量；d_x：Death number 死亡量；q_x：Mortality rate 死亡率；L_x：Span life 区间寿命；T_x：Total life 总寿命；e_x：Life pectancy 期望寿命；k_x：Vanish rate 亏损率；S_x：Survival rate 存活率

表 4-9　高海拔（1700 m）青杨种群静态生命表

Table 4-9　Static life table of *P. cathayana* population at 1700 m

龄级	组中值	a_x	a_x^*	l_x	$\ln l_x$	d_x	q_x	L_x	T_x	e_x	k_x	S_x
1	3	113	113	1000	6.908	814	0.814	593	1509	1.509	1.683	0.186
2	9	1	21	186	5.225	18	0.095	177	916	4.929	0.100	0.905
3	15	2	19	168	5.125	18	0.105	159	739	4.395	0.111	0.895
4	21	8	17	150	5.014	18	0.118	142	580	3.853	0.125	0.882
5	27	16	15	133	4.888	18	0.133	124	438	3.300	0.143	0.867
6	33	13	13	115	4.745	35	0.308	97	314	2.731	0.368	0.692
7	39	9	9	80	4.378	18	0.222	71	217	2.722	0.251	0.778
8	45	7	7	62	4.126	9	0.143	58	146	2.357	0.154	0.857
9	51	5	6	53	3.972	9	0.167	49	88	1.667	0.182	0.833
10	57	7	5	44	3.790	27	0.600	31	40	0.900	0.916	0.400
11	63	2	2	18	2.874	18	1.000	9	9	0.500	2.874	0

注：标示同表 4-8。The symbol as in Table 4-8

表 4-9 显示，高海拔区域的幼苗、幼树和小树占种群统计总数的 62.3%，第 3～7 龄级占 26.2%，第 8～11 龄级占 11.5%。种群数量在第 1 龄级最多，为 113，表明种群有充足的幼苗进行种群更新。与第 1 龄级相比，第 2 和第 3 龄级的数量分别为 1 和 2，表明种群存在较大的龄级断层，也说明青杨幼苗的死亡率高。第 2、第 3、第 4 龄级的数量均小于后一龄级，显示了种群的波动。第 5～8 龄级，个体

数一直下降。第 8～10 龄级，数量均相差不大。第 11 龄级为最大龄级，数量小。该种群的 e_x 值在第 1～9 龄级较高。总体上来说该种群处于稳定期。

　　从表 4-10 中可以看出，低海拔第 1 龄级的数量远大于高海拔，为高海拔的 6.04 倍，说明低海拔相比高海拔有更为丰富的幼苗储备，其种群的繁殖能力强于高海拔。第 2 和第 3 龄级处，低海拔的数量多于高海拔，且比值较大。第 4～7 龄级，低海拔的个体数量结构与高海拔相似，显示两海拔的种群在该龄级具有较稳定的结构。第 8～10 龄级，低海拔的数量均小于高海拔。低海拔（1400 m）没有第 11 龄级的个体，表明该海拔青杨种群缺少大径级树木。

表 4-10　　不同海拔条件下的青杨种群的龄级结构

Table 4-10　　Age class structure of *P. cathayana* populations with different altitudes

海拔 Altitude/m	a_1	a_2	a_3	a_4	a_5	a_6	a_7	a_8	a_9	a_{10}	a_{11}
1400	683	10	12	14	19	18	9	3	0	2	0
1700	113	1	2	8	16	13	9	7	5	7	2

　　了解高低海拔梯度下青杨种群的生长状况对于保护青杨有重要意义。海拔发生变化，影响植物种群更新的各种环境因素也会直接或者间接地发生变化。低海拔（1400 m）青杨种群与高海拔（1700 m）青杨种群相比，缺少大径级个体（表 4-10），且少 1 个龄段段。龄级数量的差异是种群发育历史、生物因素和非生物因素综合作用的结果（张维等，2015）。造成低海拔青杨种群龄级普遍偏低的原因可能有 3 种：①低海拔青杨种群林龄较年轻，这可能是因为受历史因素影响。该样地位于处于发育期的沟谷两侧，地理环境较为复杂，山地灾害较多。②低海拔地区，青杨预期寿命较低。这可能与其所处环境有关。低海拔地区气温高，水分充足，青杨新陈代谢旺盛，种群更新快。另外，低海拔种群处于山谷口，风力较大，可能造成大树折断。③干扰可能是造成大龄级树木缺失的主要原因，干扰强度在一定程度上由缺失的程度所反映。关资料记载，早年间该区域对树木进行了大规模的砍伐。海拔越高，砍伐难度越大，砍伐活动减弱，这与龄级缺失结果相符，也与样地物种多样性低相符。从种群数量结构上来说，低海拔青杨种群的个体较高海拔多，且第 1 龄级的个体数远高于高海拔，这可能是因为低海拔温度更适合幼苗发育。

4.6.2　存活曲线

　　以静态生命表为基础，绘制种群的存活率曲线和死亡率曲线，分析种群动态变化过程。按照 Deevey 的划分，存活曲线可以分为 3 种类型：Ⅰ型是凸形曲线，表示种群的大多数个体均能实现其平均的生理寿命（种群生理寿命是指种群处于最适生活环境下的平均年龄，而不是某个特殊个体可能具有的最长寿命），在接近生理寿命前只有少数个体死亡，种群为衰退型；Ⅱ型是直线，它表示各年龄段具有相同的死亡率，种群为稳定型；Ⅲ型是凹形曲线，早期死亡率极高，一旦活到某一年龄，死亡率就变得很低而且稳定，种群为增长型（牛翠娟等，2007）。

　　存活曲线图可以反映种群数量动态的变化趋势及结构特征。由图 4-7 可知，总体上来说，海拔 1400 m 处的青杨种群有较大的幼苗库，但幼苗的死亡率较高（97.5%），说明环境筛的选择强度很高，仅有 2.5% 的幼苗能穿过此筛进入幼株阶段，幼株阶段向营养发育阶段过渡相对平稳。第 2～7 龄级的死亡率逐步缓慢降低，仍有一定强度的筛选。出现上述现象的原因可能是幼苗的个体年龄较小，生长和竞争力弱，而青杨林中密度较大，倒木及枯枝易压倒林下的幼苗；加之这个阶段幼苗个体会与林下的杂草、灌木和其他幼树进行竞争，所以其幼苗死亡率较高。随着龄级的增加，青杨个体的生长能力、抗性及竞争能力逐渐增强，与其竞争的草本和灌木较少，其生态位得到巩固，从而死亡率和亏损率逐步降低。但达到一定的龄级后，个体开始生长缓慢，个体对营养空间的需要不断增加，种内对光照、水分、养分和空间的生态因子的竞争加强，故死亡率和亏损率逐步增大。利用指数函数曲线和幂函数曲线对该海拔下的存活曲线进行模拟（吴承祯和吴继林，2000），发现青杨种群的存活曲线更偏向于 Deevey Ⅱ型，表明海拔 1400 m 下的青杨种群为稳定型。

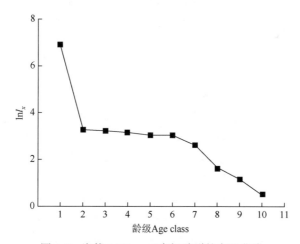

图 4-7　海拔 1400 m 下青杨种群的存活曲线

Fig. 4-7　Survival curve of *P. cathayana* population at 1400 m

　　从图 4-8 中可以看出，海拔 1700 m 处的青杨种群的存活曲线和海拔 1400 m 下相似，但总体趋势更为平缓。海拔 1700 m 下种群幼苗阶段也只有 18.6% 的幼苗个体通过了环境筛选，但远大于海拔 1400 m 下的幼苗存活率，这可能是因为海拔 1700 m 下的青杨种群密度较低，光照易透过林冠，为幼苗的生长提供了有利条件。

第 2～6 龄级段的存活率平缓下降，与海拔 1400 m 下相似。然而，从第 7 龄级段开始，每一龄级的死亡率都明显低于海拔 1400 m 下的死亡率。这可能是由于低海拔的树木密度大从而种内竞争较大，造成树干高度/粗度大，容易因机械损伤导致死亡。曲线方程的模拟结果也表明高海拔青杨种群的存活曲线为 Deevey II 型，即该海拔下青杨种群为稳定型。

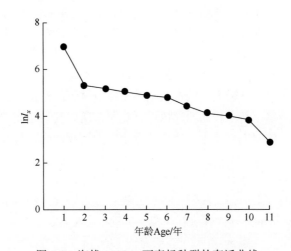

图 4-8　海拔 1700 m 下青杨种群的存活曲线

Fig. 4-8　Survival curve of *P. cathayana* population at 1700 m

以死亡率 q_x 和亏损率 k_x 值为纵坐标、龄级为横坐标绘制曲线（图 4-9，图 4-10）。从图 4-9 和图 4-10 中可以看出，无论是高海拔还是低海拔，其死亡率和亏损率的变化趋势相似，前期变化较急剧，中期变化较为平缓，后期变化较陡，表明青杨幼苗的死亡率较高，受环境筛选的强度大，从第 2 龄级开始死亡率和亏损率逐渐较小。低海拔下的青杨种群从第 5 龄级开始又受环境筛选的影响，而高海拔地区从第 9 龄级出现较陡的变化趋势。可见，大径级青杨因老化、病腐及外部条件的共同作用，导致死亡率 q_x 和亏损率 k_x 有所上升；而低海拔下较早出现死亡率和亏损率增加的原因可能是较高的温度导致青杨遭受病虫害而死亡。

与存活曲线相比，死亡率曲线和亏损率曲线变化趋势基本相似，亏损率曲线和死亡率曲线都是前期变化大于后期，但后两者波动较大。说明青杨幼龄阶段死亡率较高，长成大树后死亡率较低，种群处于相对稳定的状态。

从图 4-9 和图 4-10 中可知，死亡率和亏损率的变化趋势基本相同，且除最后一龄级外，死亡率越小二者的差也越小（李金昕等，2016）。高低海拔两种群的死亡率和亏损率均在第 1 龄级较大，且低海拔相比高海拔处更大。除此之外，低海拔还存在 1 个极大值点，为第 7 龄级，显示死亡率为 66.7%，亏损率为 1.099。低海拔种群的死亡率和亏损率从第 6 龄级起开始波动。高海拔种群的死亡率和亏损率除第 6 龄级有一定波动外，第 2～9 龄级基本保持平稳。两海拔的最后龄级的死亡率为 1，造成该现象的原因是末尾龄级的后一龄级个体数的观测值为 0。根据实地调查情况，这可能是由于调查的树木不够多，林龄不够长导致的。因此，1 是对末尾龄级死亡率的有偏估计。

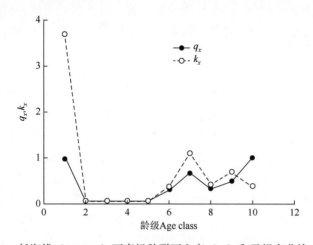

图 4-9　低海拔（1400 m）下青杨种群死亡率（q_x）和亏损率曲线（k_x）

Fig. 4-9　Mortality rate（q_x）and vanish rate（k_x）value curve of *P. cathayana* population at 1400 m

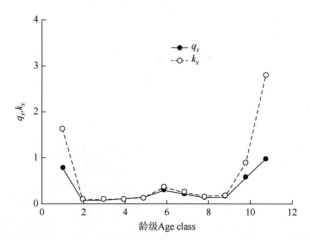

图 4-10　高海拔（1700 m）下青杨种群死亡率（q_x）和亏损率曲线（k_x）

Fig. 4-10　Mortality rate（q_x）and vanish rate（k_x）value curve of *P. cathayana* population at 1700 m

　　结合青杨种群的存活率曲线和死亡率、亏损率分析发现，在两个海拔上第 1 龄级均出现了死亡高峰，这可能与其种群现状和生物生态学特性有关（肖宜安等，2004）。由于青杨林内杂木稀少，靠近河流，青杨作为滨水植物在群落中占有绝对优势，且青杨具有有性繁殖和无性繁殖两种繁殖方式，繁殖能力强，这使得幼苗数量极多。随着青杨群落的演替发展，幼苗对营养和光照的需求不断增加，与邻近个体和上层乔木及下层灌木间的生态位重叠不断加大，生存环境变得困难的个体开始增多。当林内的养分、光照无法满足其生长所需的临界点时，死亡率变高，自疏作用出现并逐渐加强。第 2~5 龄级，青杨种群均保持较低的死亡率，这表明个体在该区间竞争压力小，自疏作用较弱。第 6 龄级时，青杨种群的死亡率均升高。这可能是由于个体的需要再一次超过了环境的承载力，个体间的竞争加剧。第 7 龄级后，低海拔青杨种群的死亡率一直高于高海拔种群。这可能是由高海拔区域的生境状况决定的。植物作为个体，在其生长过程所受到的重要作用一直来自环境。高海拔地区的青杨位于山腰，其所处环境较谷口处的青杨种群稳定。第 8 龄级时，低海拔青杨种群的死亡率呈极大值，这可能是由于该地强烈的季风等因素，增加了对老树的毁坏。调查结果也发现，倒木和主干折断是导致大部分青杨成体死亡的直接原因，其中倒木所占的比例明显较大。高海拔青杨种群的死亡率在第 10 龄级大大增加，这可能是由于青杨在此龄级开始进入衰老期。从青杨种群的期望寿命来看，低海拔在第 1、第 8 龄级，高海拔在第 1 龄级的都较后一龄级小，这表明青杨种群存在明显的波动。第 1 龄级的期望寿命较小是由种群的繁殖策略造成的，而低海拔第 8 龄级较小可能是种群生长发育过程中所遇到的非随机因素造成的（张维等，2015）。

4.6.3　种群生存力分析

4.6.3.1　生存率曲线和累计死亡率曲线分析

以生存率函数值为纵坐标、龄级为横坐标作生存函数曲线图。以累计死亡率函数值为纵坐标、龄级为横坐标作累计死亡率曲线图。累计死亡率表述了种群在存活期内总体死亡状态，对青杨种群死亡过程的分析有重大意义。生存率函数与累计死亡率函数是从两个不同的方面描述种群的生存规律，两者呈现互补形式，生存率曲线的凸点往往与累计死亡率曲线的凹点相对应。

从图 4-11 中可以看出，海拔 1400 m 下种群的累计死亡率在各龄级几乎没有变化，起始点累计死亡率很大（97.5%），导致曲线各龄级之间差值的变化极小，从而累计死亡率曲线变化极为平缓；而海拔 1700 m 下种群的累计死亡率为单调递增函数，前期变化大，后期变化较为平缓，总体呈单调递增趋势（图 4-12）。两海拔下生存率曲线走势与累计死亡率曲线刚好相反。由表 4-11 可知，海拔 1400 m 下种群的生存率和累计死亡率曲线均在第 6 和第 7 龄级出现较大幅度变化。第 8 龄级以后，累计死亡率达到 99.7%。海拔 1700 m 下的种群生存率曲线和累计死亡率曲线在第 6 和第 10 龄级处变化较大。第 10 龄级以后，个体数量减少明显，累计死亡率超过 98.2%（表 4-12）。

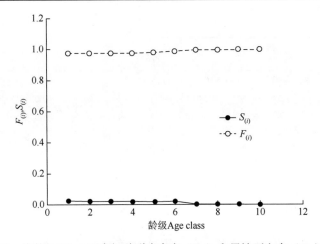

图 4-11　海拔 1400 m 下青杨种群生存率（$S_{(i)}$）和累计死亡率（$F_{(i)}$）曲线
Fig. 4-11　Survival rate（$S_{(i)}$）and cumulative mortality rate（$F_{(i)}$）functional curve of
P. cathayana population at 1400 m

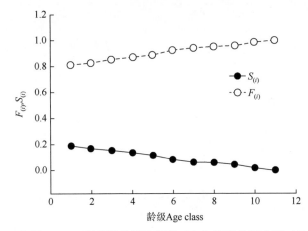

图 4-12　海拔 1700 m 下青杨种群生存率（$S_{(i)}$）和累计死亡率（$F_{(i)}$）曲线
Fig. 4-12　Survival rate（$S_{(i)}$）and cumulative mortality rate（$F_{(i)}$）functional curve of
P. cathayana population at 1700 m

表 4-11　海拔 1400 m 下种群生存分析函数估计值
Table 4-11　Estimated values of survival analysis functions at 1400 m

龄级 Age class	组中值 Value	$S_{(i)}$	$F_{(i)}$	$f_{(ti)}$	$h_{(ti)}$
1	3	0.025	0.975	0.1625	0.317
2	9	0.023	0.977	0.0003	0.010
3	15	0.022	0.978	0.0002	0.011
4	21	0.020	0.980	0.0003	0.012

续表

龄级 Age class	组中值 Value	$S_{(i)}$	$F_{(i)}$	$f_{(ti)}$	$h_{(ti)}$
5	27	0.019	0.981	0.0002	0.012
6	33	0.013	0.987	0.0010	0.061
7	39	0.004	0.996	0.0015	0.167
8	45	0.003	0.997	0.0002	0.067
9	51	0.001	0.999	0.0003	0.111
10	57	0.000	1.000	0.0002	0.333

注：$S_{(i)}$: Survival rate function 生存率函数；$F_{(i)}$: Cumulative mortality rate function 累计死亡率函数；$f_{(ti)}$: Mortality density function 死亡密度函数；$h_{(ti)}$: Hazard rate function 危险率函数

表 4-12　海拔 1700 m 下种群生存分析函数估计值

Table 4-12　Estimated values of survival analysis functions at 1700 m

龄级 Age class	组中值 Value	$S_{(i)}$	$F_{(i)}$	$f_{(ti)}$	$h_{(ti)}$
1	3	0.186	0.814	0.136	0.229
2	9	0.168	0.832	0.003	0.017
3	15	0.150	0.850	0.003	0.019
4	21	0.133	0.867	0.003	0.021
5	27	0.115	0.885	0.003	0.024
6	33	0.080	0.920	0.006	0.061
7	39	0.062	0.938	0.003	0.042
8	45	0.053	0.947	0.002	0.026
9	51	0.044	0.956	0.002	0.030
10	57	0.018	0.982	0.004	0.143
11	63	0.000	1.000	0.003	0.333

注：标示同表 4-11。The symbol as in Table 4-11

4.6.3.2　危险率曲线和死亡密度曲线分析

以危险率函数值为纵坐标、龄级为横坐标绘制危险率函数曲线图，危险率函数是表征种群个体在 t 时刻的瞬时死亡率。以死亡密度函数值为纵坐标、龄级为横坐标绘制死亡密度曲线图，死亡密度函数是表征种群个体在特定时段内的死亡概率，能比较直观地反映种群个体的死亡情况。

从图 4-13 和图 4-14 中可以看出，危险率函数曲线在第 1～2 龄级单调递减，且斜率较大，以后各龄级段危险率呈略微上升趋势。整体上来看，危险率函数曲线明显表现为前期变化大，后期变化幅度小的特点，表明幼苗阶段死亡率高。死亡密度曲线与危险率曲线趋势相似，同样表明前期变化剧烈，后期变化幅度较小，出现一定的波动，总体呈略微上升趋势。说明青杨幼苗生命状态不稳定，死亡率较大；

后期随着龄级的增加，种群处于相对稳定的状态，死亡率较低。相比危险率函数曲线，死亡密度曲线的变化幅度相对更大，更能显示种群数量变化的差异性。

　　与海拔 1700 m 相比，海拔 1400 m 处第 1～2 龄级的危险率更高，第 6～9 龄级危险率变化更大，说明低海拔下的环境条件筛选了更多的幼苗，并在第 6～9 龄级淘汰了更多的青杨大树。这与前面的存活曲线相印证。

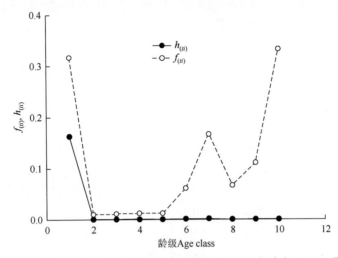

图 4-13　海拔 1400 m 下青杨种群死亡密度（$f_{(ti)}$）和危险率（$h_{(ti)}$）曲线
Fig. 4-13　Relative mortality density（$f_{(ti)}$）and hazard rate（$h_{(ti)}$）functional curve of
P. cathayana population at 1400 m

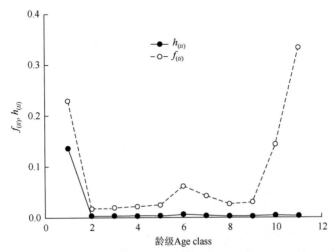

图 4-14　海拔 1700 m 下青杨种群死亡密度（$f_{(ti)}$）和危险率（$h_{(ti)}$）曲线
Fig. 4-14　Relative mortality density（$f_{(ti)}$）and hazard rate（$h_{(ti)}$）functional curve of
P. cathayana population at 1700 m

虽然高低海拔两个青杨种群呈低龄级个体多，中龄级有一定比例，高龄级少的特点，但第 1 龄级占总体的比例极高，死亡率极大，对种群的生命预期贡献较低。如果除去第 1 龄级，青杨种群的种群结构呈现纺锤状。因此，我们认为仅凭年龄结构判断青杨种群的发展趋势是不够的。调查结果表明，高海拔青杨种群第2 和第 3 龄级的个体数极少，并且数年内数量不会明显增加，随着大径级树木的死亡，种群在未来可能会发生一定的衰退。但考虑到青杨在群落中处于优势地位，长期来看，高海拔青杨种群为稳定型。低海拔青杨种群同高海拔种群相似，且整体林龄偏小，在环境干扰较小的情况下呈增长趋势。

4.6.4　谱分析

种群生命表和谱分析对研究种群数量动态和种群生活史特征具有重要的参考价值，同时也可为野生动植物保护策略的制定提供重要依据。前面已经通过编制种群静态生命表，绘制存活曲线、生存率曲线和累计死亡率曲线等方法探讨了青杨种群动态过程，分析了其动态变化数量特征。本小节我们试图用谱分析的方法深入揭示青杨种群更新动态过程及其稳定性特征。

利用谱分析公式计算各个波形的振幅 A_i 值（$i=1, 2, \cdots, k$；$k=n/2$）。其中 n 为数据总长度，A_1 为基波，A_i（$i \neq 1$）为谐波，每个谐波的周期分别是基本周期的 $1/i$。

表 4-13 为高低海拔梯度条件下青杨种群的谱分析结果。由表 4-13 可知，海拔 1400 m 处青杨种群的基波值 A_1=5.285，基波表现了种群的基本周期波动，其周期长度为种群本身所固有，反映了种群的生物学特征，由种群波动特性所决定。海拔 1700 m 下种群的 A_1=0.169，明显低于该海拔下的其他谐波值，这可能是由于种群在第 2、第 3 龄级个体太少引起的。低海拔（1400 m）青杨种群在谐波 A_2 处为极大值，为 9.597。高海拔（1700 m）种群谐波的值差异不大，只在 A_5 取最大值，为 3.570。从表 4-13 中还可看出，高、低两个海拔的青杨种群均表现出较短的周期波动，如低海拔的 A_2 和高海拔的 A_5。低海拔的 A_2 的波动对应于第 4~5 龄级，此处的波动可能是因为种内剧烈竞争，部分个体达到主林层高度后开始分化，数量自然调节，林分由郁闭变为稀疏，这样更有利于种群的发展，使其能自我维持稳定；高海拔的 A_5 处的波动对应于第 2~3 龄级，此处的波动是由于幼苗受环境因子影响很大，被环境筛选后仅有极少部分能成长为幼树。但由于所调查的青杨种群年龄还不够长，低海拔最大径级为 10（胸径为 60 cm），高海拔最大径级为11（胸径为 66 cm），时间系列长度还不足以表现出整个基本周期。

从青杨种群数量动态的谱分析结果中可以看出，低海拔（1400 m）种群的波动周期较高海拔（1700 m）更长，波动幅度更大。总体上来看，两个海拔段青杨种群存在周期性波动，并且呈现出大周期内含小周期的多谐波叠加特点，这与林分的更新有关，使青杨种群维持自我稳定性并得以延续。

表 4-13　不同海拔条件下的青杨种群的周期性波动

Table 4-13　Periodic fluctuation of *P. cathayana* populations with different altitudes

海拔 Altitude/m	A_1	A_2	A_3	A_4	A_5
1400	5.285	9.597	5.814	4.035	2.974
1700	0.169	2.511	2.893	2.746	3.570

4.7　基于矩阵预测模型的种群生存力分析

20 世纪以来，人类对资源的需求挤压着其他生物的生存空间，栖息地的丧失与破坏导致了大量物种的灭绝，种群生存力分析正是在这一背景下提出的。种群生存力分析（population viability analysis，PVA）是将实际调查数据与模型相结合，用模拟手段来预测种群在未来一定时间内的生存概率（或灭绝概率），是一种对特定物种的灭绝风险概率进行分析的方法，被普遍运用于保护生物学（Menges，2000；Oostermeijer et al.，2003）。其研究结果有助于我们了解种群当前的生存状况、种群各生活史阶段的生存能力和繁殖能力，预测其未来的发展趋势，进行种群灭绝风险评估，同时掌握影响物种种群数量变化的主要因素，以制订相应的保护措施。

PVA 通过建立模型来确定未来几十年或者上百年内物种发展的趋势。由于每一个物种种群的个体生命周期不同，生存方式和繁殖方式不同，生存环境也不同，因此影响物种种群发展扩大的因素各不相同。PVA 将种群的限制因素纳入模型，使其各项参数有了生物学意义，为动植物种群的保护和扩大提供了科学的依据。PVA 最早被应用到动物的研究中，尤其是哺乳动物和鸟类（Brook et al.，2000；Coulson et al.，2001）。直至 20 世纪 90 年代，关于植物的 PVA 研究才见报道（Menges，1990；彭少麟等，2002）。

目前，国内主要使用静态生命表对种群动态进行研究。但静态生命表预测有条件假设：种群的规模是不变的，种群的年龄结构也是不变的。因此这种研究方式存在一定缺陷。因此，近年来采用基于生活史阶段或者年龄阶段划分的矩阵预测模型（matrix projection models）的应用越来越广泛，并已成为植物生态学中应用最广泛的工具之一。矩阵预测模型主要基于植物种群统计（plant demography），是确定关键的种群统计参数、评估环境因子影响及进行种群生存力分析的有力工具，能有效估算种群增长率，确定影响种群增长率的关键阶段，加深对植物种群动态变化的理解和促进管理措施的完善（Ghimire et al.，2008；Lubben et al.，2008）。

矩阵预测模型已被广泛应用于预测种群结构动态（Mandujano et al.，2001；Seno and Nakajima，1999）和濒危种生存力分析，对入侵种管理、农业中优质种子控制、濒危种管理措施评价（Neubert and Caswell，2000）也有重要的指导意义，是评价种群动态的主要手段（Schemske et al.，1994）。矩阵模型还被应用于全球气候变化背景下种群的动态变化（Sletvold et al.，2013），以及生态因子对种群动态的干扰（Berry et al.，2008）。

目前，基于矩阵预测模型的植物种群生存力分析主要集中在草本或者灌木方面（Menges et al.，2006；Bottin et al.，2007），对乔木的研究还较少。青杨作为常见的雌雄异株植物，其繁殖方式复杂，可以有性繁殖也可以无性繁殖，通过分析青杨种群的生存力，对雌雄异株木本植物的种群保护具有较高的参考价值。研究小五台山自然保护区不同海拔条件下的青杨种群变化，有助于我们了解在不同生境下青杨种群的生存能力和生存繁殖选择，并预测青杨种群在全球气候变化背景下的发展趋势，评估其灭绝风险，寻找其生长过程中的关键期，为林业生产实践及青杨自然种群的保护提供理论依据。

4.7.1 转移矩阵模型的建立

一般来说，研究的时间跨度越长，矩阵模型受到时间随机性的影响就越小（Van Mantgem and Stephenson，2005）。本书通过 2013～2015 年的样地调查资料，建立以 3 年为时间跨度的转移预测矩阵。考虑到幼苗生长发育的复杂性，我们只对样地中 1.3 m 以上的青杨个体进行记录监测（Van Mantgem and Stephenson，2005）。青杨作为乔木，胸径的大小更能反映个体的生长发育状况，因此我们使用胸径作为划分青杨种群生活史阶段的标准。根据调查结果，参照 Van Mantgem 和 Stephenson（2005）的径级划分方法，将青杨种群分成 4 个径级，分别为 DBH≤15 cm、15 cm＜DBH≤25 cm、25 cm＜DBH≤35 cm、DBH＞35 cm。径级的划分基本反映了青杨个体所处的高度和生长方式。第 1 径级大致位于灌木层；第 2 径级位于乔木层底部和中部，处于纵向生长期；第 3 径级位于乔木层，处于径向生长期；第 4 径级位于乔木层顶部。以新增的第 1 径级的个体数作为青杨种群的繁殖数据，结合野外调查数据及青杨繁殖能力资料，假设只有第 2～4 径级的个体对种群的繁殖做出了贡献，且该径级内的青杨个体繁殖力相同。

在计算矩阵参数的过程中不使用缺失了时间信息的数据。根据资料和假设条件算出各径级的存活数量、转移数量、死亡数量，这些数值与原径级数量的比即为各径级的存活率和转化率。繁殖率为新生个体数与第 2～4 径级的个体总数的比。根据求得的信息建立转移矩阵模型。转移预测矩阵为方块矩阵，若假设转移矩阵为 A，$x_{(t)}$为列向量并代表 t 时刻种群内各径级个体的数量，则有 $x_{(t)}=A_{(t)} \times x_{(t-1)}$

（Koop and Horvitz，2005）。种群 t 时刻的大小 $N_{(t)}$ 则等于 $x_{(t)}$ 各元素的和。分别对 1400 m 和 1700 m 两个海拔内的青杨种群建立转移矩阵模型（表 4-13，表 4-14）。

对两个海拔段青杨种群的矩阵参数进行比较后发现，海拔 1400 m 下种群的繁殖率（0.608）显著高于海拔 1700 m 下的种群繁殖率（0.042）。这与样地观察的幼苗和幼树分布情况相符。从各径级的存活率来说，低海拔第 1 径级和第 2 径级的存活率（0.875、0.960）均高于高海拔下同等径级的存活率（0.643、0.750），而第 3 和第 4 径级的存活率（0.900、0.737）低于高海拔下同等径级的存活率（0.957、0.970）。从调查结果来看，这是低海拔青杨种群比高海拔种群在前期死亡率低而后期死亡率高造成的。从各阶段的转换率来看，两个海拔都保持较低的水平。这是因为青杨生命周期长，各龄级的个体数量占总数的比例较小，转换率自然也较低（表 4-14，表 4-15）。

表 4-14　海拔 1400 m 下青杨种群的转移预测矩阵

Table 4-14　Periodic fluctuation of *P. cathayana* populations at 1400 m

径级 DBH class/cm	≤15	15～25	25～35	>35
≤15	0.875	0.608	0.608	0.608
15～25	0.042	0.960	0.000	0.000
25～35	0.000	0.040	0.900	0.000
>35	0.000	0.000	0.067	0.737

表 4-15　海拔 1700 m 下青杨种群的转移预测矩阵

Table 4-15　Periodic fluctuation of *P. cathayana* populations at 1700 m

径级 DBH class/cm	≤15	15～25	25～35	>35
≤15	0.643	0.042	0.042	0.042
15～25	0.071	0.750	0.000	0.000
25～35	0.000	0.125	0.957	0.000
>35	0.000	0.000	0.043	0.970

转移预测矩阵 A 的主特征值 λ 为种群的渐进增长率，它表示种群在各矩阵参数不变的情况，较长时间段后所表现出来的增长率。通过 λ 值的大小，我们能判断种群的发展趋势，分析种群的生存力。当 λ 大于 1 时，种群增长，生存力强；反之，种群减小，生存力弱；当 λ 等于 1 时，种群大小保持不变（尤海梅和小池文人，2011）。主特征值 λ 只与矩阵 A 本身有关，与所乘的向量无关，即种群的渐进增长率只与各转移矩阵参数有关，与当前种群各径级的数量大小无关。

4.7.2 种群数量动态分析

　　用已建立的转移矩阵模型，运用 ULM 模型（Ferrière et al.，1996）模拟未来 60 年内青杨种群的动态过程（表 4-16，表 4-17）。根据模型建立的条件，我们以 3 年为一个时间步长，共使用转移矩阵计算 20 次。由表 4-16 可知，海拔 1400 m 下 4 个径级的青杨种群在未来 60 年内数量都一直保持增长趋势。其中，≤15 cm 径级的种群增长速率最大，随着径级的增加，种群增长速率逐渐较少，>35 cm 径级的青杨种群呈略微增加趋势且增速不明显（图 4-15）。这是由于≤15 cm 径级的青杨幼树处于迅速生长阶段，且存活率高，从而使该径级的种群增长速率最大；随着径级增加，成树之间竞争加大，光照、水分、养分等环境资源已不能满足其要求，导致该径级内的种群数量增速不明显。总体来讲，该海拔下的青杨种群在未来 60 年内将不断增长，属于增长型。

表 4-16　海拔 1400 m 下青杨种群的数量动态变化

Table 4-16　Numeric dynamic variation of *P. cathayana* populations at 1400 m

径级 DBH class/cm	年龄 Age/年									
	3	6	9	12	15	18	21	24	27	30
≤15	65.99	99.71	127.77	152.16	174.38	195.58	216.65	238.33	261.19	285.73
15～25	25.01	26.78	29.90	34.07	39.10	44.86	51.28	58.32	66.00	74.33
25～35	28.00	26.20	24.65	23.38	22.41	21.73	21.35	21.27	21.47	21.97
>35	16.01	13.68	11.84	10.38	9.21	8.29	7.57	7.01	6.59	6.30
径级 DBH class/cm	年龄 Age/年									
	33	36	39	42	45	48	51	54	57	60
≤15	312.39	341.56	373.64	408.98	447.98	491.02	538.55	590.99	648.85	712.67
15～25	83.36	93.14	103.76	115.31	127.87	141.57	156.53	172.89	190.79	210.41
25～35	22.74	23.80	25.15	26.78	28.72	30.96	33.53	36.44	39.71	43.37
>35	6.11	6.03	6.04	6.13	6.32	6.58	6.92	7.35	7.86	8.45

　　与海拔 1400 m 下的青杨种群数量动态预测相比，海拔 1700 m 下青杨种群在未来 60 年数量呈逐年减少的趋势，但总体减少趋势不明显（表 4-17）。第 1 和第 2 径级的青杨数量在未来 20 年间减少幅度相对较大，20 年后减少速度明显缓慢直至平稳，说明该径级下的青杨数量呈先减少后逐渐趋于稳定的趋势；第 3 径级的青杨数量短期内先增加再逐渐减少；第 4 径级基本处于较平稳状态，青杨数量波动不明显（图 4-16）。数量动态预测结果表明，海拔 1700 m 下的青杨种群在未来 60 年内总体上将处于衰退状态，但衰退幅度不大。

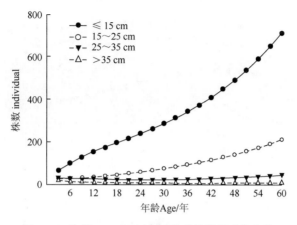

图 4-15　海拔 1400 m 下青杨种群的数量动态变化

Fig. 4-15　Numeric dynamic variation of *P. cathayana* populations at 1400 m

表 4-17　海拔 1700 m 下青杨种群的数量动态变化

Table 4-17　Numeric dynamic variation of *P. cathayana* populations at 1700 m

径级 DBH class/cm	年龄 Age/年									
	3	6	9	12	15	18	21	24	27	30
≤15	12.03	10.67	9.73	9.06	8.57	8.20	7.91	7.69	7.50	7.34
15~25	12.99	10.60	8.71	7.22	6.06	5.15	4.45	3.90	3.47	3.13
25~35	24.01	24.60	24.87	24.89	24.72	24.42	24.01	23.53	23.01	22.45
>35	33.00	33.04	33.11	33.18	33.26	33.32	33.37	33.41	33.42	33.40

径级 DBH class/cm	年龄 Age/年									
	33	36	39	42	45	48	51	54	57	60
≤15	7.19	7.07	6.95	6.84	6.73	6.63	6.53	6.44	6.34	6.25
15~25	2.87	2.66	2.50	2.37	2.26	2.17	2.10	2.04	1.99	1.94
25~35	21.88	21.30	20.71	20.14	19.57	19.01	18.46	17.93	17.42	16.91
>35	33.37	33.31	33.22	33.12	32.99	32.84	32.67	32.49	32.28	32.06

通过对种群的渐进增长率进行计算，得到海拔 1400 m 和海拔 1700 m 下的青杨种群 λ 值分别为 1.010 和 0.980。前者 $\lambda>1$，表明该海拔下青杨种群处于增长状态，种群的生存力强。后者 $\lambda<1$，表明该海拔下的青杨种群处于衰退状态，生存力弱。但有研究发现，处于稳定状态的种群，由于种群生长过程的随机性，其渐进增长率的值会介于 0.95 和 1 之间（尤海梅和小池文人，2011）。由于海拔 1700 m 处种群的 λ 值为 0.980，可以认为该种群较稳定，种群的生存能力稳定。

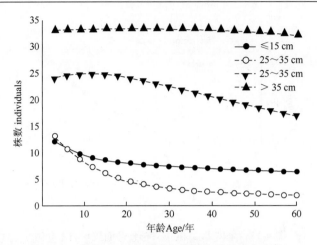

图 4-16　海拔 1700 m 下青杨种群的数量动态变化

Fig. 4-16　Numeric dynamic variation of *P. cathayana* populations at 1700 m

4.7.3　灵敏度分析

通过调整各径级的矩阵模型参数的大小，可以分析其变化对种群发展趋势的影响度（Lamberson et al.，1994）。我们一般使用灵敏度分析，它是指固定矩阵中的某个或某些元素，改变其中的一个元素，观察其对种群生命率的影响。灵敏度描述了种群生长率 λ 因种群参数统计量变化而产生的变化，灵敏度越高表示转移矩阵中相应元素微小的改变都将引起种群生存力较大的变化。灵敏度分析分为敏感性（sensitivity）分析和弹性（elasticity）分析两部分（Cross and Beissinger，2001）。敏感性分析和弹性分析的差别在于，前者为矩阵元素绝对变化的影响度，后者为矩阵元素相对变化的影响度。

首先使用 ULM 模型对种群进行敏感度的分析，结果表明，不同海拔条件下的青杨种群的不同矩阵参数对种群动态的影响程度差异较大（表 4-18）。

表 4-18　不同海拔下青杨种群的敏感度分析矩阵

Table 4-18　Sensitivity matrices for *P. cathayana* populations with different altitudes

海拔 Altitude/m	径级 DBH class/cm	≤15	15～25	25～35	＞35
1400	≤15	0.352	0.106	0.211	0.004
	15～25	**1.888**	0.567	0.113	0.021
	25～35	1.267	0.380	0.076	0.140
	＞35	0.589	0.177	0.035	0.007
1700	≤15	0.026	0.008	0.041	0.157
	15～25	0.122	0.037	0.194	0.750
	25～35	0.216	0.066	0.344	1.330
	＞35	0.096	0.030	**0.153**	0.593

注：加粗体表示参数的最大敏感度值。Maximum sensitivity value in bold

由表 4-18 可以看出，海拔 1400 m 下第 1 径级对第 2 径级的转换率敏感度最高，达到 1.888。说明该海拔下幼树阶段对种群动态影响最大，也最为重要。在海拔 1700 m 下，第 3 径级对第 4 径级转换率的敏感度（1.330）相比其他径级稍高，表明该海拔下大径级树木对整个青杨种群动态影响较其他径级大，但其他小径级阶段对种群动态也有一定的调控作用。此外，从表 4-18 中还可以看出，低海拔下种群的敏感度由低径级向高径级呈逐渐减小的趋势，而高海拔下呈先减小后增大的趋势。

表 4-19 为青杨种群的弹性分析矩阵，弹性分析各参数的值为其对种群增长的贡献度。从表 4-19 中可以看出，青杨种群各径级参数对种群动态的贡献不同，不同海拔下对种群动态贡献最大的径级也有差异。贡献率越大表明该径级对整个青杨种群动态的影响越大。其中，在海拔 1400 m 下，15～25 cm 径级的青杨种群参数贡献率最大（0.494），其次为≤15 cm 径级（0.280）；海拔 1700 m 下参数贡献率最大的是＞35 cm 径级的青杨种群，其贡献率为 0.586，其次为 25～35 cm 径级（0.336）。总体上来看，低海拔下，≤25 cm 径级是影响种群动态的关键阶段；而高海拔下种群动态主要受＞25 cm 径级的影响。

从矩阵的纵向上来看，低海拔的弹性矩阵的值在小径级处大，在大径级处小，高海拔则基本相反。此外，各径级转换率的贡献度较小，这与实际调查中青杨转换数量相当少的情况相符。

表 4-19　不同海拔下青杨种群的弹性分析矩阵
Table 4-19　Elasticity matrices for *P. cathayana* populations with different altitudes

海拔 Altitude/m	径级 DBH class/cm	≤15	15～25	25～35	＞35
1400	≤15	0.280	0.058	0.017	0.002
	15～25	0.072	**0.494**	0.000	0.000
	25～35	0.000	0.014	0.062	0.000
	＞35	0.000	0.000	0.002	0.004
	合计	0.352	**0.566**	0.081	0.006
1700	≤15	0.017	0.000	0.002	0.007
	15～25	0.009	0.029	0.000	0.000
	25～35	0.000	0.009	0.336	0.000
	＞35	0.000	0.000	0.006	**0.586**
	合计	0.026	0.038	0.344	**0.593**

注：加粗体表示参数弹性最大值。Maximum elasticity value in bold

两个海拔青杨种群的矩阵参数差异表明两者之间的生存策略不同。这可能是由于其生境的不同引起的。我们在调查中发现，青杨林和周围的桦树林的分界线相当明显，这表明青杨种群的分布与地形因素有关。对于处于沟谷环境的青杨种群来说，其生存环境复杂，空间异质性大，且受沟口风的影响较大；而高海拔下的青杨种群，其生存环境地势较陡，林分稀疏。

4.8　小　　结

本章对小五台山自然保护区内的天然青杨种群的分布特征，以及种群内雌雄群体的平均胸径、密度、性比、径级结构和空间分布进行测定和分析，并基于静态生命表的动态分析技术和基于转移矩阵模型为基础的生存力分析技术对种群进行了研究。主要结果如下：

（1）对不同海拔梯度上的环境因子进行测定分析，结果显示在青杨种群分布海拔范围内，各海拔间的土壤肥力（有机质、pH、N、P、K）指标之间没有显著差异。土壤含水量在海拔 1700 m 处显著高于海拔 1500 m 处，其他海拔间无显著差异；空气湿度海拔 1700 m 处显著低于其他海拔处。

（2）青杨种群的平均胸径在海拔梯度上呈现出"N"形分布特点，在海拔 1600 m 处最小，海拔 1700 m 处最大。种群密度在海拔梯度上的变化趋势与平均胸径呈负相关。青杨种群的径级结构除在海拔 1700 m 表现为衰退型外，在其他海拔梯度上都表现为增长型。研究表明，青杨种群的径级结构与其平均胸径的大小有关。同时，利用聚集指标分析不同取样面积青杨种群空间分布格局时发现，当取样尺度大于 10 m×10 m 时，种群的分布格局不再随取样面积的大小而变化（除海拔 1600 m）。因此，可认为 10 m×10 m 较为接近青杨种群的自然斑块的大小，是进行青杨格局分析的合适尺度。结果显示，青杨种群在 10 m×10 m 的取样面积下主要表现为随机分布和均匀分布。

（3）青杨雌雄群体在海拔梯度上的分布特征有所不同。雌株群体的平均胸径在整个海拔梯度上无显著差异，而海拔 1700 m 处的群体密度显著低于其他海拔处；雄株群体的平均胸径在海拔 1700 m 处最大，显著高于其他海拔，而群体密度在各海拔梯度间无显著差异。在海拔 1600 m 处，雌雄群体的平均胸径最接近，同时密度也最接近。从整个海拔范围来看，青杨雌雄个体的比例（雄：雌）为 0.80：1，性比不偏离 1：1。但在不同海拔梯度上性比有所不同，低海拔（1400 m）性比为 0.44，显著偏雌，而高海拔（1700 m）性比为 2.55，显著偏雄；随着海拔接近 1600 m，性比逐渐趋于 1：1。除海拔 1700 m 处为衰退型外，青杨雌雄群体的径级结构在其他海拔主要表现为稳定型。而最稳定群体结构的分布海拔在雌雄群体间不同。在海拔 1400 m 处，雌株群体中Ⅰ级和Ⅱ级植株占群体比例最大；雄株群体Ⅰ级和Ⅱ级植株占群体比例最大的是海拔 1600 m。群体空间分布则以聚集分布为主，彼此间无明显差异；但群体间聚集强度的变化在海拔梯度上各有不同，主要表现为雌株群体的 PAI 随海拔的升高逐渐增加，而雄株群体的 PAI 则随海拔的升高呈先增加后减少的趋势。

（4）对高（1700 m）、低（1400 m）海拔下青杨种群的静态生命表统计结果显示，低海拔（1400 m）青杨种群的幼苗和幼树的数量巨大，第 1、第 2 龄级占总数的 90.0%，第 3～7 龄级占 9.4%，其余占 0.6%。第 2～8 龄级，e_x 值匀大于 1。高海拔（1700 m）处的幼苗、幼树和小树占种群统计总数的 62.3%，第 3～7 龄级占 26.2%，第 8～11 龄级为 11.5%。该种群的 e_x 值在第 1～9 龄级较高。总体上来说该种群处于稳定期。低海拔第 1 龄级的数量远大于高海拔，为高海拔的 6.04 倍，显示低海拔种群的繁殖能力强于高海拔种群。由指数函数曲线和幂函数曲线模型得，低海拔的青杨种群的存活曲线偏向于 Deevey Ⅱ型，高海拔青杨种群的存活曲线为 Deevey Ⅱ型。低海拔种群的累计死亡率在第 8 龄级达到 99.7%，高海拔的在第 10 龄级超过 98.2%。高低海拔种群的死亡密度和危险率曲线的变化有一致性，低海拔在第 7 龄级和高海拔在第 6 龄级取极大值。生存分析函数表明，高低海拔的青杨种群都具有相当明显的前期锐减、中期稳定、后期衰退的特点。谱分析发现高低两个海拔的青杨种群均表现出较短的周期波动，其中低海拔青杨种群的基波值 A_1=5.285，而高海拔种群的基波值 A_1=0.169，较低海拔小。低海拔青杨种群在谐波 A_2 处为极大值，其值为 9.597。高海拔种群谐波的值差异不大，只在 A_5 取最大值，为 3.570。

（5）高（1700 m）、低（1400 m）海拔条件下基于矩阵预测模型的青杨种群生存力分析表明，低海拔的 $\lambda>1$，种群的生存力高，低海拔青杨种群数量一直保持增加，且增长幅度明显。高海拔青杨种群生存力稳定，尽管种群数量呈逐年减少的趋势，但减少量无显著差异。渐进增长率分别为 1.010 和 0.980。低海拔种群的繁殖率（0.608）显著高于高海拔的（0.042）。从各阶段的存活率来说，低海拔第 1 径级和第 2 径级的值大于高海拔的，而第 3 径级和第 4 径级的要低于高海拔。从各阶段的转换率来看，低海拔和高海拔都保持较低水平。低海拔矩阵中，第 1 径级对第 2 径级的转换率和第 2 径级的存活率的敏感度的值最高分别达到 1.888 和 0.566；高海拔矩阵中则为第 3 径级对第 4 径级的转换率和第 4 径级的存活率，分别为 1.330 和 0.593。低海拔矩阵中，第 1 径级的存活率和第 2 径级的存活率的弹性值最大，分别为 0.280 和 0.494；高海拔矩阵中则为第 3 径级和第 4 径级的存活率，分别为 0.336 和 0.586。

第 5 章　青杨种群的自然更新

植物自然更新是种群得以增殖、扩散、延续和维持群落稳定的一个重要生态过程（周纪纶等，1992；李小双等，2007）。种群从种子产生、扩散、萌发、幼苗定居和建成、繁殖到衰老、枯倒等每个阶段都容易受到环境因子的影响，进而影响植物更新过程。从种子落地到幼苗的形态建成过程是种群中数量损失最大的过程之一，其次是在幼苗形态建成后到进入繁殖状态，这两个过程在植物整个生活史中最为关键，而导致其大量死亡的原因在不同环境条件下往往有着较大差异。本章对这一过程的研究，可以有效揭示生态因子与种群变化过程的密切关系。

5.1　杨树更新方式的影响因素

植物更新方式与其所生存的环境具有密切关系。杨树常常是河岸生态系统的先锋树种，主要生长于河岸两侧。河岸生态系统（riparian ecosystem）一般是由常年河流与河流两岸的动植物群落所构成的（Stettler et al.，1996）。常年河流的水量变化主要受春季融雪和夏季暴雨所影响，两者导致的季节性洪水会带来大量泥沙，在河流内曲沉积形成沙坝（point bar）。而在这个沉积区中，就形成了各种河岸植物的栖息生境。河岸系统的主要特点有：水位四季变化，定期、不定期的洪水，以及通过水流连续地侵蚀而发生改变的河道。杨树是常见的河岸树种，其开花、传粉、散种、生长都与河岸系统的周期性变化有密切的关系。

如图 5-1 所示，杨树的有性繁殖过程与河流的水位变化息息相关。杨树的受粉时间在春季雪融开始不久，通过风媒传粉，花粉精细胞在自然状态下的活力只能维持 24 h，雌株受精后开始孕育种子。由图 5-1 可以看到，春季融水增多，河岸水位上升达到年最高水位，在峰值过后，水位缓慢下降，同时沿岸杨树开始散种。一方面，杨树种子轻盈，并有絮状毛，可以通过风媒将种子尽量向远处散播；另一方面，种毛有利于吸附在水边，便于种子选择水分丰沛的地方发芽。此外，杨树种子个体很小，无胚乳供给后续营养，所以生命期极短，也没有休眠，超过两周没有适宜条件发芽就会死亡。发芽后是种子存活的关键时期，种子根系的生长速度与水位降低的速度最终决定种苗能否存活。一些研究发现，拦河堤坝的修建可以通过影响地下水位的自然涨落，从而扰乱杨树的幼苗更新过程，可导致种群衰退（Mahoney and Rood，1998）。

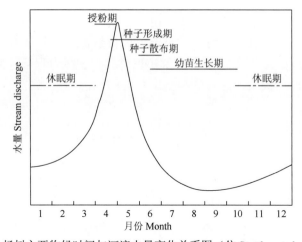

图 5-1　杨树主要物候时间与河流水量变化关系图（仿 Stettler et al.，1996）

Fig. 5-1　The relationship between phenology of *Populus* and stream discharge
（modified from Stettler et al.，1996）

　　杨树除具有与河岸生态系统高度适应的有性生殖过程外，大多数杨树（除胡杨派）还具有极强的无性更新能力（王胜东和杨志岩，2006）。杨树自然种群中的无性繁殖方式主要有两种，一种是由于机械因素导致的断枝如遇良好生境可以生根长成植株；另一种是依靠母株根系的萌蘖可产生新的植株。已有研究发现，青杨派树种 *P. balsamifera*、*P. angustifolia* 和 *P. trichocarpa* 的种子更新发生在春季汛期，在季节性洪水冲积后所拓展出的河岸新生境中快速萌发生长，其种子的结实率与发芽率都极高，可以快速形成幼苗群体，与周期性的水位变化形成高度适应；另外，洪水的不确定性与地下水位的高速下降也将限制短寿命种子的存活率。而其克隆生长的植株由于具有较好的营养供给和较广泛的适应范围，可以大大减少洪水的不确定性与下跌地下水位的不利影响，因此克隆更新可与种子更新形成优势互补的生殖策略（Stettler et al.，1996）。对加拿大 Oldman River 河流域 3 种杨树（*P. balsamifera*、*P. angustifolia*、*P. deltoids*）的更新方式的研究结果表明：在幼苗阶段实生苗与克隆幼苗的更新比例达 52∶48，而在成年立木中起源于克隆分株的比例更高，其中青杨派树种 *P. balsamifera* 和 *P. angustifolia* 表现出更强的克隆分株能力，平均每个基株可产生 6.7 个克隆分株（Rood et al.，1994；Gom and Rood，1999）。Barsoum（2001）对于 *P. nigra* 的研究发现其种子更新在开始的 2～3 年中尽管数量上占绝对优势，但存活率极低。如果非季节性的洪水出现，则对杨树的种子更新方式更加不利，但由于洪水产生的机械伤害可以激活杨树根系中的休眠芽，反而有利于更多克隆分株的形成（Legionnet et al.，1997）。上述研究表明，杨属植物的更新方式与其环境条件，特别是洪水的发生有非常重要的关系。然而，上述研究均集中在受洪水干扰较大的下游冲积平原，而在受洪水影响较小的高海拔自然林中，该类植物幼苗的更新方式特征及其影响因素还未见报道。因此，在以高山自然林为主的小五台山自然保护区开展对青杨种群幼苗更新方式的研究是很有必要的。第 4 章中也讲到保护区内青杨种群幼苗的数量非常大，但其死亡率极高，这将影响整个种群的动态与自然更新。其原因，将在本章进行探讨。

5.2　自然更新方式

植物的自然更新保证了种群的持续生存、繁衍及维持群落的组成与结构稳定。由于固着生长的特点，植物演化出了独特的更新方式，除了产生巨大数量的种子后代外，还演化出了克隆生长构型和构件整合等繁殖方式。在自然界中，很多高等植物同时具有两种繁殖方式，如苔藓植物、蕨类植物和许多被子植物都既可以进行孢子或种子繁殖，又可以进行克隆繁殖（Callaghan et al.，1992）。由于种子后代与克隆后代在传播距离、生物物候和成功定居方面都存在着明显的差异，导致了两者对种群繁衍的贡献不同（Winkler and Fischer，1999）。一些研究发现，可以同时进行种子和克隆繁殖的植物一般都是先以种子方式通过自然媒介或动物媒介扩散到某个生境当中，然后再通过根茎或匍匐茎而迅速扩张（张大勇，2003）。而在弃耕地中一些克隆植物经过初期的侵入阶段后就很难再发现实生苗（Bazzaz，1996）。因此，繁殖方式的变化可能在种群动态变化研究中具有重要意义。

5.2.1　更新方式的测定

幼株的繁殖类型（有性繁殖幼苗或无性繁殖幼苗）参照 Rood 等（1994）的实验方法判断和统计：剖开表土直接观察幼株根系与母株根系是否存在连接点，与母株根系通过"⊥"字形连接的幼株即为克隆植株（营养繁殖分株），无此连接并且主根垂直生长扎入土中的则为实生苗植株（种子繁殖分株）（图 5-2）。

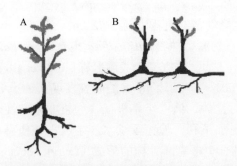

图 5-2　青杨种子繁殖（A）和营养繁殖（B）方式示意图

Fig. 5-2　Sketch of sending（A）and clone（B）of propagation for *P. cathayana*

5.2.2　幼苗更新方式

野外调查发现：在海拔 1400～1700 m 的 16 个样地中所有幼株都是通过无性繁殖的克隆分株，均为成年基株的根系萌发而形成。样地内未发现种子繁殖形成的幼苗（表 5-1）。

表 5-1　不同海拔样方中青杨克隆幼苗与种子幼苗的数量比例（李霄峰等，2012b）

Table 5-1　Number comparison between seedlings and clones of *P. cathayana* in each plot at different altitudes

数量 Number	海拔 Altitude/m															
	1400				1500				1600				1700			
	P1	P2	P3	P4	P1	P2	P3	P4	P1	P2	P3	P4	P1	P2	P3	P4
克隆株数 Clones	154	80	87	26	13	128	27	102	151	113	57	39	42	50	89	126
幼苗株数 Seedlings	0	0	0	0	0	0	0	0	0	0	0	0	0	0	0	0

注：P1～P4 为样地 1～4。P1～P4 as Plot 1～Plot 4

由野外调查结果（第 4 章）发现青杨种群中有大量 2 年以上的幼苗存活，而如果种群已达饱和，则林内的可利用资源已经被其他植株充分占用，幼苗应该很难存活超过 1 年；而对于萌生的枝条等无性繁殖方式产生的幼苗可能是由于有基株供给充分的营养才得以生长多年。本研究结果证实了种群中的幼苗群体的确是营养繁殖产生的个体。

5.3　种子萌发和幼苗

种子萌发和幼苗的生长、发育、定居是植物生活史中对外界环境压力反应最为敏感的时期，是决定种群自然更新的重要阶段（周纪纶等，1992）。在这过程中主要取决于物种生物学特性和对外界环境条件的适应能力，不同物种可能采取不同的生态适应对策。

由于青杨幼苗群体全部是营养繁殖产生的个体，没有发现以种子方式繁殖产生的幼苗（表 5-1）。这结果除了幼苗本身的繁殖方式不一致外，还有可能是环境因子造成的。自然环境下影响种子萌发的因素很多，如光照、水分、温度等（鱼小军等，2006）。此外，由于保护区内枯落物在林下不断层积，形成较厚的落叶层。落叶层不仅是森林生态系统物质循环与能力流动的基础（Blagoveshchenskii et al.，2006），还强烈地影响种群的结构与自然更新（Emery and Gross，2006）。因此，我们对不同海拔下以光照、落叶条件设计 2 因素试验，分析保护区内这些环境因子对种子繁殖及幼苗生长的影响。

5.3.1　存活率调查方法

为观察青杨新生种子萌发的幼苗在自然林内的自然存活率，在青杨种子散布期内（7 月下旬至 8 月中旬），沿 4 个海拔梯度在青杨种群中设置了共 4 组 16 个 50 cm×50 cm 的小样方，样方以能最多框取发芽种苗为准，当样方内发芽幼苗数量达到峰值时记录总数，每日统计其存活率直到降为零为止。

幼苗存活率（%）=存活幼苗数量/发芽种子数最大值×100。

为进一步了解导致幼苗快速死亡的原因，对于自然林内的光照条件和凋落物的影响进行了研究，以 2 因素完全随机试验设计：2 光照条件（林内、林外）×2 落叶条件（有落叶层、无落叶层）设置 4 组不同处理，每组 4 个重复，共 16 个样方，样方大小为 1 m×1 m。林内、林外样方中 2 组铺相同厚度落叶（约 5 cm，根据林内落叶层的平均厚度而定），另 2 组为无落叶层的裸地，从青杨种群中移栽刚发芽的幼苗 200 株至样方内，置于表层，观测其自然存活率直至存活率降至零。

5.3.2　幼苗存活率

样方中萌发种子的数量稳定后，其存活率于 3 天内迅速下降，到第 3 天后基本为零。不同海拔种苗存活率存在差异。24h 观察结果表明：海拔越高，种子存活率下降越慢（图 5-3）。

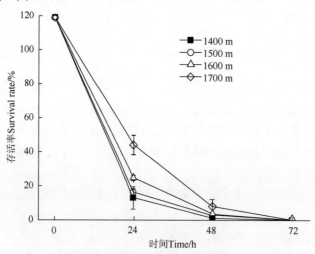

图 5-3　不同海拔下青杨种苗存活率

Fig. 5-3　Survival rate of *P. cathayana* seedling with different altitudes

注：平均值±标准误。Mean±SE

　　林内林外 24h 的幼苗存活率之间存在显著差异。与林内条件相比，林外幼苗死亡速率显著较高；此外，落叶层阻碍也对幼苗的存活率造成影响，有落叶层阻碍的样方中，幼苗存活率均显著低于无落叶层阻碍的样方（图 5-4）。

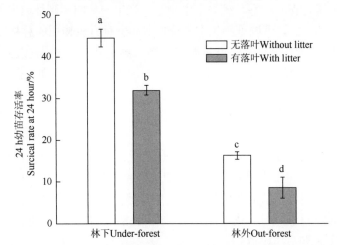

图 5-4　两林内与林外（光照条件）下叶层组青杨幼苗的存活率差异

Fig. 5-4　Difference of *P. cathayana* seedling survival rate covered litterfall and between under and out-forest conditions

注：平均值±标准误差（*n*=50）。不同的字母表示处理间有显著差异（Duncan 多重检验法，*P*＜0.05）。Mean±SE（*n*=50）. The different letters among treatments are significantly different at *P*＜0.05 level according to Duncan's test

　　结果表明，青杨种群幼苗的自然存活率极低，基本上在自然条件下不能存活，这与国外的一些相关研究不尽一致，如 Rood 等（1994）发现加拿大 Oldman River 流域中的杨树（*P. balsamifera*、*P. angustifolia*、*P. deltoids*）其幼苗有性繁殖和克隆繁殖所占的比例相当。这可能是与各自研究物种的生境有关。Rood 等（1994）的研究样地位于受洪水干扰较大的近河床区，季节性洪水的发生可以拓展出新的生境，形成大片营养丰富的裸地，有利于种子更新的定植，且杨树的种子受到水的媒介作用一般会聚集在河流两岸的边缘区域，因此导致河床附近有较高比例的种子更新幼苗；而河北小五台山青杨种群所处的区域属于高海拔山区的沟壑两侧，季节性洪水影响的范围很小，更少遇到洪水开拓新生境的情况，林内土壤层极薄，并常年覆盖着大量凋落物。因此，与冲积平原不同，高海拔林区往往有着完全不同的地表微环境，这表明杨树的繁殖方式易受到地表微环境的影响。

　　此外，由于青杨属于阳性树种，光照条件对其幼树的生长和生理均会产生不利影响（Zhao et al.，2009；杨妤，2009），而尚未发现遮阴对种子幼苗的存活是否会产生不利影响。因此，本研究通过比较落叶层和弱光照对幼苗存活的影响，结果显示林下 24h 幼苗存活率高于林外，落叶层显著降低了幼苗的存活率（图 5-4）。这些结果表明：青杨幼苗对光照要求并不高，落叶层抑制存活。落叶层对幼苗存活率的影响更大（图 5-4）。

5.4　落叶层对种子萌发的影响

林下落叶层是森林生态系统中由生物组分产生的并归还到林地表面，作为分解者物质和能量的来源，借以维持生态系统功能的所有有机物质的总称。落叶层是森林生态系统的重要组成部分，也是影响森林自然更新的重要因素之一（Scariot，2009）。落叶层对幼苗的自然更新有正、反两方面作用：一方面，落叶层为土壤提供的碳、氮等营养元素通过微生物分解后可增加土壤肥力，从而有利于幼苗的生长。另一方面，落叶层的积累会对植被的自然更新形成各种阻碍，包括：①机械阻挡。林内较厚的落叶层、地被物等阻断了种子与土壤之间的接触，进而影响植被自然更新。②化感作用。落叶层主要是靠化感作用影响种子的发芽和幼苗的生长。③动物侵害和微生物致病作用。即土壤中的种子及更新幼苗受到病虫害和动物摄食等造成损耗，从而影响更新（王贺新等，2008）。因此，搞清落叶层对青杨种子萌发的阻碍机制，有助于揭示其种群自然更新规律，对青杨自然林的保护和科学管理提供重要理论依据。

通过 5.3 节的研究发现：有落叶层阻碍的样方中，幼苗存活率均显著低于无落叶层阻碍的样方。本节中将从落叶层影响种子萌发的物理和化学两方面进一步分析其原因。

5.4.1　落叶层对种子萌发的化感作用

化感作用（allelopathy）是指一种植物通过向体外分泌代谢过程中的化学物质，对其他植物产生直接或间接的影响。化感作用产生的化学物质主要通过根系分泌、淋洗、植物残体分解等途径释放到环境中。林中落叶层正是由于分解作用产生了一系列中间产物，其中有些化学物质可能会影响种子萌发和森林更新（Inderjit and Duke，2003；Cai and Mu，2012）。因此，本节通过比较青杨落叶层对其种子萌发的影响，探究落叶是否具有化感作用。

参考杜克兵等（2009）方法，将青杨种子置于温度约−18℃的冰箱冷冻室内存放。将野外采集到的凋落青杨叶片烘干后精细粉碎，过 100 目筛，按 200 g：1000 mL 的比例用蒸馏水浸泡，振荡器振荡 48 h，过滤后即为 200 mg/mL 的水浸液，以此为母液分别用蒸馏水稀释配成 3 种不同浓度（10 mg/mL、50 mg/mL 和 100 mg/mL）的水浸液置于冰箱备用（赵勇等，2010）。

采用培养皿滤纸法进行种子发芽测定（范雪涛等，2007）。分别取 15 mL 不同浓度的水浸液加入铺有 3 层滤纸的培养皿中，以加蒸馏水为空白对照。滤纸上均匀摆放供试种子，每培养皿 40 粒。每个质量浓度设置 3 个重复，放入温度为

25℃的培养箱中培养，每 2 天补充水浸液或蒸馏水 5 mL，每 24 h 记录其发芽种子数，一周后计算发芽率。

种子发芽率（%）=发芽的种子数/共检测的种子数×100。

结果显示，不同浓度的青杨落叶水浸液对青杨种子发芽率有显著影响，用浓度为 10 mg/mL 的水浸液处理的组与蒸馏水处理的对照组相比，发芽率没有显著差异，处理组略高于对照组 9%（96 h），显示出轻微的促进作用；而 50 mg/mL 的水浸液则显著降低了种子的发芽率，与对照相比使发芽率下降了 41%；100 mg/mL 的水浸液处理下则完全没有种子发芽。从发芽速率上来看，对照组在 72～96 h 新增发芽种子数较少，而 10 mg/mL 处理组则在此期间仍有较多的新发芽幼苗，表现出相对较高的发芽速率。而 50 mg/mL 组在 72 h 已达发芽率峰值（图 5-5A）。

此外，水浸液还对幼苗的生长产生一定影响，在不同处理下，无论是地上茎高还是根系长度都随浓度增加而显著缩短，低浓度组（10 mg/mL）处理下，茎高比对照减少 28%，根长减少 54%；在较高浓度的组（50 mg/mL），其幼苗从脱出种皮后基本就不再生长，茎高比对照减少了 75%，根长减少了 95%。凋落物水浸液 pH 为 5.4～6.4，呈微酸性（图 5-5B）。

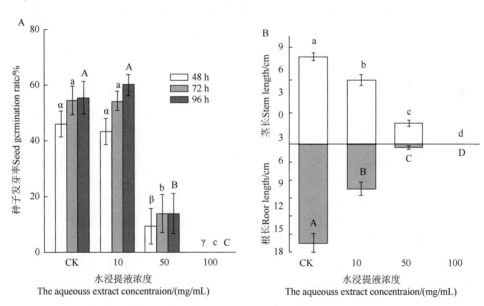

图 5-5　不同浓度的青杨落叶水浸液对青杨种子发芽率（A）和根茎长度（B）的影响
（李霄峰等，2012b）

Fig. 5-5　Seed germination rate（A）and stem and root length of seedling（B）under different aqueous
extract concentration of *P. cathayana* leaf litter

注：平均值±标准误（*n*=40）。柱子上同类型不同的字母表示处理间有显著差异（Duncan 多重检验法；*P*<0.05）。
Mean±SE（*n*=40）. Different letters by the same alpha numeric classification system above the bars represent significant
differences at *P*<0.05 level according to Duncan's test

低浓度的青杨水浸液处理对青杨种子萌发没有显著影响，而高浓度的水浸液对青杨种子的发芽有明显的抑制作用（图 5-5）。这一结果与万开元等（2009）对杨树叶片化感作用的研究结论一致。此外，化感物质不仅影响种子的发芽，而且对种苗的根系生长也表现出了明显的抑制作用，在高浓度的水浸液处理下，发芽种子的根系几乎停止生长。朱美秋（2009）对毛白杨（*P. tomentosa*）的研究也表明，鲜叶、根、枝条及枯落叶对自己的幼苗都有不同程度的化感抑制作用，这主要与其酚酸类物质含量有关，肉桂酸、邻苯二酚和对羟基苯甲酸是其中最主要的化感物质。王延平（2010）对杨树的研究也发现酚酸类次生代谢物是其主要化感物质，这些化感物质渗入土壤中，会导致杨树连作后地力衰退。所以，我们推测在自然条件下，雨水的淋溶作用和底层落叶的不断分解都会将酚酸类次生代谢物富积到土壤层中，导致其浓度增高，从而影响青杨种子的萌发和生长。尽管化感物质对克隆植株的生长同样会产生影响，但克隆整合作用的研究表明，克隆分株不仅可与基株交换水、碳水化合物及营养物质，而且当受到环境胁迫时，如遮阴（Stuefer et al.，1994）、盐胁迫（Evans and Whitney，1992）、风的侵害（Yu et al.，2008）、沙埋（Yu et al.，2001）、动物啃食（Wilsey，2002）等，整合作用可以有效提高分株的生物量和存活率（Xiao et al.，2010）。因此克隆整合作用的存在可以缓解这种不利影响，而有利于提高克隆植株的存活率。

5.4.2　落叶层对种子根系的机械阻碍作用

落叶层对种子根系的机械阻碍作用主要表现在落叶层通过阻止种子达到土壤表面，从而减少其萌发的可能性和幼苗定居机会（Brewer and Webb，2001），影响土壤种子库的建成和结构，进而影响种群自然更新的效果（徐振邦等，2001）。本节中我们通过设计试验观察小五台山保护区内落叶层对种子的机械阻碍情况。

在保护区室内，以小塑料盆为幼苗培养容器，小塑料盆直径 30 cm、深 10 cm。根据处理的不同分为 3 组：对照组、单层落叶组和多层落叶组。每组 4 重复，共计 12 盆。3 组中都在盆内铺 2 cm 厚浅土层，对照组不覆落叶；其他两组分别覆 1 层落叶（厚约 0.3 mm）和多层落叶（厚约 30 mm）。无论对照组还是处理组，各盆表层均加一层薄吸水纸浸种催芽，在吸水纸上放置 50 粒青杨种子（采于小五台山保护区），浇水至表面无水渍、叶层或泥土完全湿润为止，室内培养两周后将 3 组幼苗同时转置于户外，观察各组在较高户外温度下自然死亡率的差异。此研究主要检验在理想的生长条件下（水分充分、光照和温度适宜），当幼苗生长一个阶段后，其根系能否穿透叶片到达叶层下部进入土壤；并通过户外的干燥高温条件体现组间差异，以此证明落叶层的阻碍作用。

将室内培养两周后的幼苗转置于户外观察，当日间气温由晨时的 23℃升至午时的 41℃时，空气相对湿度快速下降，由 67%降至 37%，在没有人工补水的情况下，有叶层阻隔的组在 9: 00~12: 00 幼苗快速死亡，并表现出与空气相对湿度较高的正相关；直接在土壤上生长的组，存活率仅下降了 3%。单层落叶和多层落叶处理都导致了幼苗的快速死亡，两条曲线基本重合，但单层落叶组在 12: 00 仍有 1%的存活率，多层落叶组则完全死亡（图 5-6）。

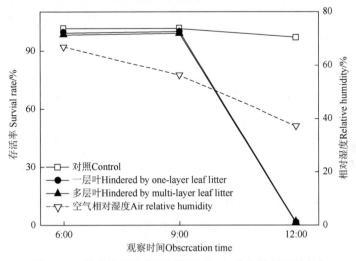

图 5-6　土壤栽培组和有叶层阻碍组 6 h 的幼苗存活率变化

Fig. 5-6　Survival ratio variance of *P. cathayana* seedlings under different planted in soil and hindered treatments by leaf litter during 6 h

落叶层对幼苗的机械阻挡研究结果表明，即使在理想条件下生长一段时间，种子幼苗的根系仍不能穿透叶层进入土壤，当户外的干燥高温导致水位下降时，叶层严重阻碍了幼苗根系获得水分（图 5-6）。而在野外条件下，短期的降水提供给幼苗生长的时间更短，而幼苗如不能扎根于土层中，则必然受到日间高温的胁迫而死亡。自然条件下，洪汛过后快速下跌的地下水水位是自然更新中幼苗死亡的重要原因（Barsoum，2001），落叶层的机械阻挡作用可以通过截留种子幼苗根系影响对水分的获取而导致种子幼苗快速死亡，对青杨种苗更新造成极大妨碍。对于落叶层的机械阻挡作用，前人已做过很多实验。如陶大立等（1985）曾研究了地被物对多个树种自然更新的影响作用，他认为一方面凋落物的干湿变化剧烈影响了幼苗的成活；另一方面也形成了种子与地面土壤层的阻隔，而且种子越小，所受的影响越大。这与作者研究的结果一致。

此外，Scariot（2009）的研究表明，森林凋落物的加厚会降低幼苗的成活率；Pierson 和 Mack（1990）的研究也表明，种子发芽率与幼苗生物量在凋落物厚度大（6 cm）的地区均低于凋落物厚度小（1.5 cm）的地区。然而，我们的研究并未观察到不同叶层厚度对种子发芽率有显著影响，这可能是由于种子类型和凋落物种类的差别所致。

青杨种子相对于其他植物种子营养更少，存活期更短，根系穿透能力差，而青杨叶片则属于阔叶近革质叶片，韧性较强，因此单层叶片对其种子的阻挡作用已很强，两种原因共同导致了不同叶层厚度对种子萌发和生长影响基本无差异。

5.5　幼树更新状况

通过对样地内种群中幼树的统计和观察，调查导致幼树数量减少的原因。特别对死亡植株进行了调查，并参照 King（1986）的方法对青杨幼树的机械强度进行了分析以调查风害的影响。

5.5.1　幼树存活状况

第 4 章中讲到青杨种群结构中幼树数量极少，因此我们推测可能在幼树阶段有较高的死亡率发生，因此首先从死亡植株入手，确定种群中死亡植株是否有很多幼树存在。

调查结果发现，种群中死亡植株主要集中在胸径为 5～20 cm 的群体当中，这一径级也基本上是幼树（没有进入繁殖状态的立木）的径级范围，而在较大径级的群体当中，则死亡植株极少（图 5-7）。

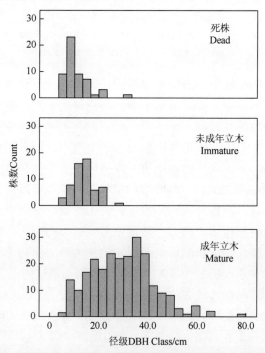

图 5-7　青杨死亡植株、未成年与成年立木的径级分布

Fig. 5-7　DBH class distrbution of dead，immature or mature *P. cathayana*

此外，我们对种群密度与植株死亡率进行了分析，通过统计每个海拔中 4 个相邻样方的均值可以发现，植株死亡率与种群密度存在一定的相关性，在种群密度高的样方中，死亡率也相对较高（图 5-8）。在野外调查中，对死亡植株的形态观察发现，树干断头、断干的现象非常普遍。

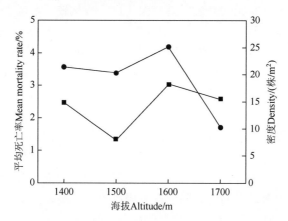

图 5-8　青杨幼树的死亡率（方形）与密度（圆点）随海拔的变化

Fig. 5-8　The mean mortality rate（square）and density（circle）of *P. cathayana* saplings along an altitudinal gradient

对小五台山青杨自然种群的调查表明，种群中的植株死亡率约为 15%，根据径级判断都为幼树，研究表明幼树阶段死亡率较高。为揭示幼树的死亡原因，本研究调查了种群生长的环境条件，发现当地在青杨分布区内没有发现大型植食性动物的活动，可以排除大型动物采食的因素。野外调查还排除了害虫因素的影响，虽然青杨种群分布区内有较多危害青杨的昆虫，但虫害分布具有较强的区域性，主要在海拔 1400～1500 m 的范围中存在，这无法解释其他海拔范围内植株的死亡原因，因此生物因素可能不是植株死亡的主要原因。根据我们观察到死亡植株的情况，有可能是强风的侵袭作用。当地春季寒冷，空气对流强烈，山风最高可达 8 级，较强的山风很容易将青杨细小树枝吹折，而且根据形态观察，林中很多青杨的株形都不直挺，表明很多植株在生长过程中遭受过风害，是在主枝折断后续生的。因此，强风可能是影响该地青杨植株存活的强干扰因素。但为何只有幼树才易被折断，而成年树死亡却较少，这可能与不同龄级植株的树干机械强度及再生能力有关。

5.5.2　幼树的机械强度分析

King（1986）的研究表明在某些地区风害是一种较重要的植株生长干扰因素。根据对保护区青杨种群的野外调查，发现在小五台山地区风害可能是一种很重要的环境影响因素，当地春季强风可达 8 级以上，常常将一些立木枝条吹断。这可能是由于幼树与成年树的机械强度存在差异，可能导致两者对风灾的抵抗能力不同。此外，还发现死亡植株与幼树基本处于同一径级，而在较大的径级当中则较少有死亡立木存在，我们推测植株死亡可能与其树干的机械支持强度有关，由于死亡植株树干大多折断无法测量株高，因此进一步比较了存活立木中小径级与大径级立木的机械强度差异。

树木的机械强度可以由植株的株高-胸径异速生长曲线反映。根据异速生长公式，异速生长指数越大，其投入于胸径增粗的营养越多，其机械结构越有利于抵抗风压造成的物理伤害（Rich et al., 1986），因此幼树的机械强度与成年植株相比较差。大多数木本植物的株高-胸径变化都符合异速生长函数，即植株的株高随年龄增加生长越来越缓慢，并趋于停滞，而胸径增粗的过程则在生长期中一直进行（McMahon, 1973）。然而，研究表明植物种类不同，其异速生长曲线也存在差异（Rich et al., 1986）。常绿针叶树种的异速生长指数一般高于落叶树种，主要是因为常绿针叶树种需要较高的机械强度以承受冰雪的负荷，从而分配更多营养用于胸径增粗（King, 1991）。因此，植株的株高-胸径的异速生长指数可以很好地反映树干的机械支持强度（King, 1996）。

参照 McMahon（1973）的方法使用树木胸径-株高的异速模型分析了小五台山保护区青杨种群中不同径级植株的机械强度，这一方法曾被 King（1986）用来计算风灾对糖槭（*Acer saccharum*）的损害程度。结果如图 5-9 所示，通过胸径-株高曲线模型分析发现，青杨径级较小群体与较大群体的生长拟合曲线存在明显不同。拟合线斜率越大，则表明青杨植株分配较多生物量用于胸径增粗；而斜率

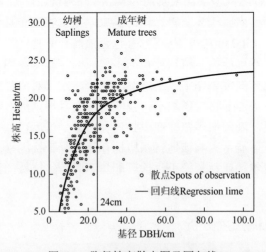

图 5-9　胸径株高散点图及回归线

Fig. 5-9　The scatter graph and regression line for height to DBH

越小，植株分配越多生物量用于植株长高。幼树（径级小于 24 cm）阶段的青杨植株其拟合线斜率较大，表明其生物量在横向生长中投入较多；而成年立木（径级大于 24 cm）拟合线斜率较小，表明其生物量较多投入到径向生长中。这种差异性的分配可能导致了青杨植株不同生长阶段具有不同的机械强度。而且，青杨异速生长曲线表明植株幼树阶段机械强度较差，而成年以后机械强度不断增强。

　　树干的机械强度除支持树冠外，另一主要作用就是防止强风的侵害。胸径越粗，机械强度越高，树干越不易发生折断，但树干越粗其分配给株高生长的生物量就越少，而株高生长对于植株竞争光照具有重要影响。因此，木本植物在生物量分配方面存在一种权衡（trade-off）关系。如何既能获取最多的光照，而支持部分又足够稳定可以抵挡强风的袭击，这往往取决于植株所处的具体自然环境。国外的研究表明，高密度种群当中的物种，其株高生长比例往往超过低密度种群（Kohyama et al.，1990）。种群密度越高，种群中的幼年个体越趋于高细。这是由于密度越大，越容易造成冠幅的光照不均匀，植物冠幅光照不均匀时往往优先进行高度的生长而不是胸径，植株越是需要分配更多的生物量用于株高生长以竞争光照（Dong et al.，2015）。幼树由于在生长阶段受到种群密度影响而不断增加高生长投入，其机械强度可能不断下降，因而在遭受风害时易于折断而导致死亡。

5.6　成熟群体的存活状况

　　对样地内青杨成年立木的调查研究发现，其各年龄组的数量分布表现出正态分布（图 5-10），这与第 4 章中讲到的青杨种群总体年龄结构分布一致。从图 5-10 中可

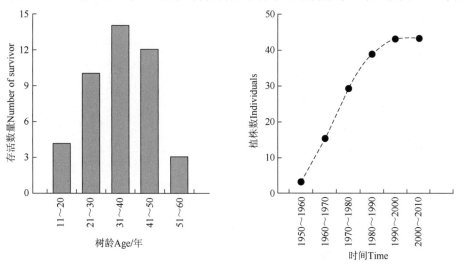

图 5-10　青杨成年立木群体存活曲线及其年龄格局

Fig. 5-10　The survivorship curves and age distribution of standing adult *P. cathayana* individuals

以看出，31~40 龄级组的植株数量最多，41~50 龄级组次之。种群调查样方中最大树龄为 52 年，表明该青杨林主要源起于 50 多年前（20 世纪 60 年代）。根据当地林场工作人员介绍，该林区主要在 20 世纪 50~60 年代遭受毁坏，其后封山育林，种群恢复成为次生自然林。

此外，成年立木群体的数量呈逻辑斯谛增长，前期 1950~1990 年增长迅速，1990 年后基本保持稳定（图 5-10）。根据生态学中对逻辑斯谛增长的描述，先锋物种在侵入适宜的新生境中时，会在短期内快速增殖，占据该生境，随种群数量接近环境最大容纳量时，数量增长减缓，其原因是资源的相对减少导致了死亡率的增加。我们对青杨成年立木的观察结果符合这一特点。如图 5-10 所示，50 年代时，该种群基本被伐光，而由于青杨的无性繁殖能力较强，在伐迹地上开始萌生次生林，且这一过程进行较快，种群数量的增加非常明显。在数量达到一定程度时，增速减缓，根据我们之前的研究结果，幼树死亡率开始增加，但成年群体死亡率仍较低，这揭示了老龄树生长良好，并未进入衰老期，而在种群密度达到饱和后，林内环境开始不利于新生幼树的生长，所以在之后二十几年时间里，种群存活曲线一直保持稳定而无增长。这一特征表明种群内部数量已达到极限。

第 4 章中讲到青杨种群总体的年龄结构表现出 3 个特点：幼苗数量极多；幼树死亡率较高；成年立木数量呈正态分布。本章结合落叶层对种子萌发的影响及青杨树干机械强度的研究深入分析，我们认为其年龄结构特点可能是由下列原因造成的：青杨是一种先锋木本植物，其生长速度较快，在 50 多年前（20 世纪 60 年代）的伐迹地上由萌生枝条形成了早期的种群，种群形成后随密度增加逐渐导致了林内可利用资源的减少，种群内后生的幼树由于成年树的遮阴作用而在株高生长上投入更多，导致了树干的机械强度降低，在冬春季节的强风作用下更易折断，而一旦发生断头，将严重影响植株的光合作用，在第二年的生长过程中死亡的可能性增加。这解释了为何死亡植株大多径级较细而且有断头的现象。

但为何种群中幼树少而幼苗多呢？种群内部环境如不适合幼树生长，那为何还有大量幼苗存在？本研究结果表明，青杨幼苗都起源于基株的无性繁殖，无性繁殖的个体是由基株供给营养，因而对林内资源的影响相对较小，而种子繁殖虽然发芽率很高，但受到落叶层的影响而往往不能完成正常的更新。由于风力是随高度增加而迅速增大的，所以幼苗相对于幼树受到的风害更小，而幼树的高度已接近成年立木，但其机械强度却相差很多，因而成为种群中最易遭受风害的群体。

5.7　雌雄植株的胸径-树高异速生长

前面分析了青杨种群总体的胸径-株高异速生长关系，青杨是雌雄异株植物，由于其繁殖成本的差异，雌雄个体可能会存在形态上的不同。本节从性别差异出发，探究不同性别青杨群体是否也存在胸径-株高的异速生长关系。

为避免海拔因素的影响，我们选择分布于 1600 m 海拔区域的、种群密度较一致、性比较平衡的 4 个连续样方中的 50 株成年立木（雌、雄各 25 株）为研究对象，根据其株高和胸径数据分别建立雌雄青杨群体的异速生长模型。

异速生长模型参照 Rich 等（1986）对木本植物的研究方法，公式如下：

$$DBH = a \times H^b$$

其中，DBH 为植株胸径，H 为株高，a 为异速生长常数，b 为异速生长指数。当 $b=1$ 时，胸径和株高为等速生长；当 $b>1$（$b<1$）时，胸径对株高为正（负）异速生长（Gould，1966）。b 值越大，则胸径相对于株高的增加越大。

根据野外调查的数据，对青杨种群的胸径-株高数据分别按性别进行异速生长分析得到了表 5-2 的结果。从表 5-2 中可以看出，青杨雌雄群体的异速生长指数均大于 1，表明雌雄群体的胸径与株高均呈正异速生长关系。其中，雌株群体的异速生长指数高于雄株群体，表明在同样的株高生长速度下，雌株的胸径增速超过雄株；而在同样胸径条件下，雄株群体株高高于雌株，且个体越大这一差异越明显。

表 5-2　雌雄青杨群体胸径与株高的异速生长模型（李霄峰等，2013）

Table 5-2　Allometry model on DBH and height between female and male of *P. cathayana*

性别 Sex	植株数 n	异速生长公式 Allometry equation	异速生长指数 Allometric exponent	R^2	P
雌株 Female	25	$DBH = 0.000\,07 \times H^{2.689}$	2.689	0.688	0.000
雄株 Male	25	$DBH = 0.003 \times H^{1.579}$	1.579	0.645	0.000

将异速生长模型表示在对数坐标系中，其分布方式呈线性特征，对其进行线性回归可得到雌雄青杨群体的异速生长拟合线（图 5-11）。使用协方差分析比较雌雄群体拟合线的斜率，结果表明性别间的差异已达到显著水平（$P=0.024$）。

青杨雌雄群体性别间胸径-株高异速生长的显著差异意味着雌株比雄株有更强的机械支持结构，其原因可能与雌雄间的繁殖功能有关，雄株需要投入较多营养用于株高生长以增加风媒传粉的距离；而雌株需要投入较多营养于胸径生长以加强树干的机械强度，使树干可以负荷更多的果枝。因此，长期的性别间演化，可能形成了雌雄间有差异的胸径-株高异速生长曲线，雄株分配更多营养用于高生长，而雌株分配更多营养用于径生长，这可能是青杨雌雄群体适应各自不同繁殖功能的结果。

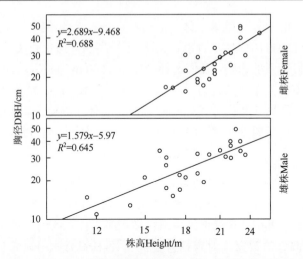

图 5-11　青杨雌雄群体间株高与胸径的异速生长拟合线（使用对数坐标系）

（李霄峰等，2013）

Fig. 5-11　Allometry fit line on DBH and height between female and male of *P. cathayana*

（Logarithmic scales）

5.8　性成熟条件

性成熟年龄是木本植物的一个重要生活史参数，其主要反映植株进行营养生长的时间，我们在研究中需要了解小五台山青杨自然种群的总体繁殖能力及其影响因素，因而进行了性成熟时间和性成熟条件的研究。通过连续 2 年对样地内青杨种群中开花植株与未开花植株的观察确定其是否进入性成熟。

调查发现，性成熟个体在年龄上的跨度较大，而在胸径上的跨度相对较小（图5-12），表明胸径对性成熟的影响更为直接。例如，在未成年群体中，最小性成熟年龄为 17 龄，而最大未成熟年龄达 43 龄；最小性成熟胸径与最大未成熟胸径的分布范围为 9.2～21.5 cm。调查还发现青杨性成熟年龄在不同性别间存在差异。雌株最早进入性成熟的年龄为 17 龄，最小胸径为 9.2 cm，最小株高为 8 m；而雄株最早进入性成熟的年龄为 21 龄，最小胸径为 13.4 cm，最小株高为 13.5 m；由此可见，雌株性成熟年龄早于雄株，并且雌株进入成熟期时的株高和胸径也小于雄株。

对性成熟比例在径级上的分布分析后发现种群的性成熟条件与胸径大小关系密切：当植株胸径超过 10 cm 时，部分植株开始开花；随胸径增加，成熟植株比例上升，当胸径达到 30 cm 以上时，植株完全成熟，可见胸径大小与植株性成熟的关系非常密切（图 5-13A）。此外，相比雄性，雌性在较小径级（≤40 cm）中成熟个体更高，而在较大径级（>40 cm）中个体数较低（图 5-1B），这说明雌性成熟的时间要早于雄性。

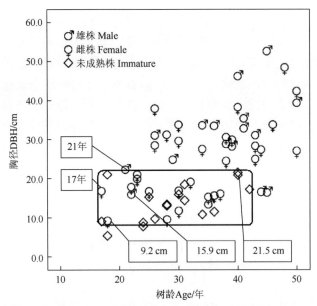

图 5-12　青杨植株性成熟分布（矩形所示区域为成熟与未成熟植株的交错分布区域）
（李霄峰等，2012a）

Fig. 5-12　The pattern of sexual maturation of *P. cathayana*（The crossover zone between mature and immature individuals was showed by rectangle）

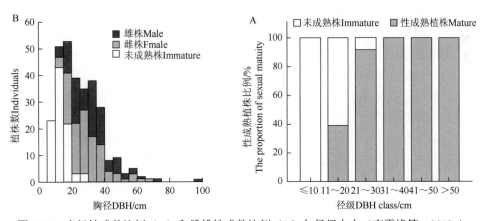

图 5-13　青杨性成熟比例（A）和雌雄性成熟比例（B）与径级大小（李霄峰等，2012a）

Fig. 5-13　The relationship between maturation of female and male（A）and female or male（B）and DBH class of *P. cathayana*

　　对青杨性成熟条件的研究表明，在异质性较高的自然生长环境中，植株个体胸径大小对进入性成熟状态有重要影响。在植株胸径生长到 30 cm 以上时，大多数植株都可以开花进入繁殖状态，而当胸径较小时（17.2 cm），即使植株树龄已达 43 龄，仍然不能开花。根据 Stettler 等（1996）的研究，青杨组树种的性成熟年龄一般为 8～10 龄及以上。与我们的研究结果比较，发现小五台山青杨种群普遍性成熟较晚，其性成熟年龄一般在 25～30 龄，其主要限制因素是植株的个体胸径大小。这可能是由于其自然分布区内水分养分条件相对较差，因而植株生长缓慢，延迟了性成熟的时间。研究还发现，雌株性成熟时间早于雄株，这表明雄株要长到较大个体时才能进入繁殖状态。这一特征可能与雄株的传粉功能有关，在风媒植物中，传粉能力与个体大小高度相关，雄株个体必须要高于雌株才能有较好的授粉能力，因而株高较大的雄性个体适合度更高，而较高的株高往往需要更长的生长期，因此导致雄株的幼年期长于雌株。

5.9　小　　　结

本章通过对小五台山保护区中的天然青杨种群的年龄结构进行分析，并结合环境影响因素，分析对青杨天然种群的更新和生长过程产生影响的生态机制。主要结果如下：

（1）种群年龄结构呈现出"幼苗多，幼树少，成年树中间多两边少"的特点。幼苗数量极多，但存活到幼树阶段的极少，而幼树的数量相对较少，成年立木数量较多，成年群体年龄分布呈现正态分布特点。老树和幼树的数量都不多，30～40 龄的成年立木数量最多，种群密度接近饱和。

（2）种群中幼苗数量很多，但都是无性繁殖产生的克隆分株。而青杨种子虽然发芽率极高（达 80%～90%），但存活率极低，主要是受林内堆积的落叶层影响，一方面是物理作用的阻隔；另一方面化感作用也会抑制幼苗的正常生长。

（3）种群中幼树死亡率很高，对死亡植株的观察发现，死亡植株主要集中于幼树阶段，可能是密度过大引起植株徒长使树干的机械强度下降，导致植株受强风侵袭易折断而死亡。

（4）该青杨成年群体已达数量饱和，其占据林冠层，导致林下幼树更新不良。天然种群的青杨性成熟状态主要与胸径有关，成熟后雌雄个体出现一定的形态差别，雌株高生长减缓，径生长加快；雄株则高生长加快，而径生长减缓。

第6章 青杨种群的功能性状研究

植物功能性状（plant functional traits）是指对植物定居、生存和适应有着潜在影响的，或与获取、利用和保存资源的能力有关的属性（Violle et al.，2007）。它是植物在漫长的进化和发展过程中，与环境相互作用，逐渐形成的许多内在生理和外在形态方面的适应对策。由于生殖成本的差异，雌雄植株间常常具有二态性，形成了不同的适应环境的对策（Hoffmann and Alliende，1984；Nicotra，1999；Kavanagh et al.，2011）。本章我们以小五台山自然保护区的青杨天然种群为研究对象，利用功能生态学的研究手法去探究雌雄异株植物小枝在不同海拔上的功能性状差异，了解雌雄异株植物对海拔变化的响应和适应能力，这也有利于预测全球气候变暖对雌雄异株植物的生长发育、种群结构及进化机制的影响。

6.1 植物的功能性状研究进展

植物功能生态学是研究植物功能性状变化，阐述其进化或生态意义的生态学分支学科，能够反映植物对其生长环境的适应能力（McIntyre et al.，1999；Westoby et al.，2002；Wright et al.，2004；Adler et al.，2014），还能反映植物群落（董廷发等，2012；Walker et al.，2014；Yang et al.，2014）乃至生态系统的功能特征（Reich et al.，1997；Cornelissen et al.，2003；Yu et al.，2010）。植物功能性状之间的关系决定了植物的生活史对策，进而影响多物种的共存和生物多样性的维持（Adler et al.，2014）。

起初主要针对区域个体种类进行研究，近年来，利用植物功能生态学的手段和方法去研究全球气候变暖对植物的影响已受到各国学者的关注。其研究表明，全球气候变暖迅速而显著地改变着高海拔地区的生存环境，进而影响植物的生长发育，并导致植物个体在形态、生物量分配等方面发生显著改变（Dormann and Woodin，2002；Curtis and Wang，1988）。而海拔梯度在一个较小的范围内包括了多种的群落类型和不同的环境梯度，例如，海拔每升高 100 m，温度降低 0.6℃。因此，由高海拔到低海拔可以看作一个气候变暖的动态过程，研究不同海拔区域的植物功能性状，可以揭示其对全球气候变暖的响应和适应性，具有重要意义。

植物功能性状能直接反映其生活史对策，通过叶片、高度和种子特征等主要功能参数反映植物生活史对策。迄今为止，我国在植物功能生态的研究方面仍与国际水平有差距（周道玮，2009）。前人已对植物的叶片性状，小枝性状及繁殖性状进行了大量研究，且主要集中于雌雄同株植物功能性状（Sun et al.，2006；

Yang et al., 2009, 2010; 罗璐等, 2011; 杨冬梅等, 2012), 但对雌雄异株植物的功能性状表现差异的研究还较少, 在雌雄异株的木本植物的繁殖投入与营养投入的对比方面的研究更少。

6.2　雌雄异株植物的功能性状差异研究

自然界约有 6% 的被子植物为雌雄异株植物, 该类植物是陆地生态系统中的重要组成部分 (Renner and Ricklefs, 1995)。由于长期的进化, 这类植株雌雄株间在营养性状和繁殖性状方面均出现明显的差异。王丙武等 (1999) 通过对杜仲 (*Eucommia ulmoides*) 的研究发现, 雄株顶芽的长度和最大直径都明显大于雌株。银杏 (*Ginkgo biloba*) 雄株的叶面积与鲜重均高于雌株 (蔡汝等, 2000)。许馨文等 (2009) 对青杨雌雄无性系幼苗的外部形态进行统计发现, 两年生青杨雌株在株高和叶片总数方面显著高于雄株, 并且雌株叶片长、宽, 叶柄长, 叶片厚度都高于雄株。雌雄异株植物性别分化可能影响性别间的固有差异, Rensch 法则提供了一个性别二态性的模型: 雌性占优势时, 个体大小变小; 当雄性占优势时, 个体变大 (Rensch, 1960)。Kavanagh 等 (2011) 研究了来自 38 个雌雄异株植物的 297 个个体的叶大小和茎大小, 统计比较显示大叶雌株的叶大小减小, 大叶雄株的叶大小变大; 茎的大小具有相似的模式, 符合 Rensch 法则。Nicotra (1999) 对热带的雌雄异株灌木 *Siparuna grandiflora* 的调查分析发现, 繁殖前的个体, 雌株积累更多的茎、叶生物量, 但在成熟个体中, 性别生长差异不明显, 这与 Kavanagh 等 (2011) 的结果一致, 即小茎物种的雌株比雄株的茎更大, 但是, 随着茎的增大, 性别的二态性通常会消失。

从分配上看, 雌雄异株植物会存在性别差异。繁殖前单位茎长度的生物量分配, 雌株比雄株少, 繁殖前的雌株比雄株长得快 (Nicotra, 1999)。雌株选择大茎是由于雌株的茎必须为种子、果实和传播提供机械支持, 叶大小的比例关系与茎大小相关, 雌株选择更大的茎来支持后代的质量 (Kavanagh et al., 2011), 但 Hoffmann 对 3 种雌雄异株植物 *Peumus boldus*、*Lithraea caustica* 和 *Laretia acaulis* 在生长方面的性别差异研究时发现, 雄性个体的嫩枝具有比雌性个体更高的营养生长率, 而且雄株比雌株更高大, 证明性别之间存在固有的差异 (Hoffmann and Alliende, 1984)。这表明雌雄个体繁殖投入的不一致, 导致了它们对资源的需求不同, 这些不同的资源需求带来的选择压力可以反过来导致性别二态性的进化 (Hoffmann and Alliende, 1984)。因此, 繁殖投入作为性别二态性进化的决定因素, 使得雌株具有更高的繁殖投入, 且雌雄异株木本物种中的雌株个体均比雄株小, 也进一步支持了繁殖成本假说 (Obeso, 2002)。

雌雄异株物种性别间繁殖投入上通常具有差异。在已报道的 42 种雌雄异株物种中，有 39 种植物的雌株繁殖分配高于雄株，雌雄繁殖分配相同的植物有 2 种，仅有 1 种植物雄株的繁殖分配高于雌株（Leigh et al., 2006）。Queenborough 等（2007）对亚马孙森林中 16 种肉蔻科的 2209 个繁殖个体进行了 4 年的研究，发现雌株个体的总繁殖投入是雄株的十多倍。Rocheleau 和 Houle（2001）对雌雄异株的灌木 Corema conradii 的研究表明，虽然雄株在花期的繁殖投入更多，当考虑到果实的生产时，从生物量、Mg、Ca 方面来说，雌株的繁殖投入更高。雌雄异株植物 Oemleria cerasiformis 雌株的果实占了平均坐果的总繁殖投入的 87%，即使按最低的坐果率，果实也占到了总繁殖生物量的 75%，这就说明雌株个体为了供给后代需要投入更高的繁殖成本（Allen and Antos, 1993）。

　　由此可见，雌雄异株植物在营养性状和繁殖性状方面均有差异，这可能是由于雌雄植株在生长和分配之间各自存在着一种定量的关系，称为植物的异速生长（allometric scaling），它反映了植物不同构件对环境选择压力采取的生态对策方式（Primack，1987）。植物的异速生长用于描述植物个体大小和其他属性之间的非线性关系。异速生长关系（allometric relationship）可以简单地表示为

$$Y=\beta X^{\alpha}$$

式中，Y 为某种生物学特征或者功能，β 为标准化常数，X 为个体质量，α 为异速指数（程栋梁，2009）。

　　以往关于异速生长的研究很多，如研究发现长白山 59 种落叶木本植物的茎生物量和叶片生物量间表现为异速生长关系，但异速生长常数随着海拔的增加而下降，表明单位茎生物量在高海拔只能支持较少的叶生物量（Sun et al.，2006）。对 93 种温带木树种的当年生末端小枝的研究结果表明，在相同的叶柄投入作为支撑时，高海拔树种比低海拔树种具有更小的叶片面积，叶柄作为一个使叶片面积和叶片生物量最大化的限制因素，使叶片和叶片的支撑组织之间存在异速生长关系（Li et al.，2008）。杨冬梅等（2012）对不同海拔 61 种落叶阔叶树种的研究发现，在出叶强度一定的情况下，高海拔树种比低海拔树种具有更小的叶面积和叶干重。与高海拔树种相比，中海拔树种比高拔树种具有更大的叶面积和叶干重，但出叶强度更小。

　　对于雌雄异株植物，也有研究发现其性别间具有差异。Grant 和 Mitton（1979）对颤杨（P. tremuloides）的研究表明在各海拔梯度上雌株的径向生长宽度都大于雄株。而刘霞（2003）对青杨的研究发现雄株在生长后期胸径明显超过雌株。两者差异的原因可能与环境和营养条件有关。因而单一观察胸径的变化并不能全面反映性别间营养分配的差异。而异速生长模型通过比较胸径与株高的相对增长可以较好地排除不同环境因素对生长的影响。根据异速生长公式，异速生长指数越大，其投入于径增粗的营养越多，其机械结构越有利于抵抗风压等物理伤害（Rich et al.，1986）。因此，通过研究植株的高径异速生长指数可以反映树干

的机械支持强度（King，1996）。

小枝与其着生叶之间关系很早就受到关注，White（1983）首先提出小枝茎截面积和叶片之间呈等速生长的关系，然而其后的许多研究又认为小枝的茎截面积与叶面积之间存在异速生长关系（Preston and Ackerly，2003；Sun et al.，2006）。

对于雌雄异株植物的繁殖分配及营养分配存在怎样的生长关系，目前还有待研究证实。青杨作为一种典型的雌雄异株植物，目前对其研究主要集中在胁迫环境对雌雄植株生长生理方面差异的影响（如 Xu et al.，2008b，2010a；Chen et al.，2010；Zhang et al.，2014），还未涉及雌雄植株间小枝和叶的功能性状差异。因此，本章主要阐述小五台山青杨自然林中雌雄植株之间是否存在着营养性状和繁殖性状方面的差异及其功能性状在不同海拔下的差异情况。

6.3　功能性状研究方法

实验中性状测定方法参考 Cornelissen 等（2003）。

6.3.1　营养性状的测定

2012 年 8 月中下旬，以保护区内青杨雌雄成年植株为研究材料，在小枝完成生长和叶片完全展开时进行采样。在 1450 m 和 1750 m 两个海拔段的青杨种群中随机分别选取青杨 25 株和 37 株，其中雌株 29 株，雄株 33 株。每株树上取树冠外围阳光充足处且没有明显叶面积损坏的 3~5 个小枝。取样小枝为当年生的末端小枝，即从最末端到最后一个末梢分枝处（Yang et al.，2015）。小枝包括茎和其上的所有叶，叶则包含了叶片和叶柄两部分。对每个小枝的小枝干重（TM）、小枝茎干重（SM）、总叶干重（TLeM）、总叶面积（TLeA）、总叶片干重（TLaM）、总叶片面积（TLaA）、总叶柄干重（TPM）、单叶柄干重（IPM）、单叶片干重（ILaM）、单叶片面积（ILaA）等 10 个性状进行测量。其中，叶面积采用扫描仪扫描后用 Image J 软件进行计算。叶片、叶柄和茎的干重则采用干燥箱在 60℃下烘 72 h 至恒重后用分析天平称量的方式进行测量。

6.3.2　繁殖性状的测定

采用随机抽样的方法，在每个海拔随机选取青杨雌雄成年植株，共 90 株。在青杨盛花期（4 月底至 5 月初），从每株样树上选取树冠四周阳光充足、长势良好的 3~5 个小枝。每个小枝上选取 3~5 个完整无病虫害的花序，放入 50%的 FAA 固定液中保存，将小枝放入自封袋内，放入冷箱中带回实验室。用游标卡尺测花序的长和宽，并记下每个花序上花的数量，测完后将花与花序梗分开，烘干后称其干重，最后测其 C、N、P 含量。5 月中下旬，果序成熟时，从之前选定的每株雌株上选取树冠四周阳光充足且长势良好的 3～5 个小枝，每个小枝上选取 3～5 个种子散落前的成熟果序，将带小枝的果序放入自封袋内，放入冷箱中带回实验室，烘干后称其干重，并测定其 C、N、P 含量。8 月中下旬，采集叶片，方法同上。

叶、花、果实的元素含量分析方法：有机碳用重铬酸钾容量法-外加热法；全氮用硫酸-过氧化氢消煮-凯氏蒸馏法；全磷用硫酸-过氧化氢消煮-钒钼黄比色法。

6.3.3　数据处理方法

首先对 10 个营养性状数据进行正态分布检测，然后对雌雄植株每个性状的平均值进行对数（以 10 为底）转换后再进行性别比较。采用巢式方差分析（ANOVA）测定变异。通过对各变量进行等级变异组分分析，发现所有性状在性别水平上的差异均远远大于个体水平和小枝水平上的差异（表 6-1），表明性别差异是导致营养性状出现差异的关键因素。

表 6-1　各变量的等级变异组分分析（Ⅰ型方差分析平方和）

Table 6-1　Hierarchical variance components analysis for the study data set（ANOVA type Ⅰ sums of squares，converted to percentages at each level）

Level	TLaA	ILaA	TLaM	ILaM	TLeA	TLeM	TPM	IPM	SM	TM
性别水平 Sex	99.65	99.86	99.76	99.74	99.88	99.78	99.65	99.23	99.63	99.81
个体水平 Individual	0.06	0.08	0.12	0.16	0.06	0.11	0.17	0.49	0.17	0.09
小枝水平 Twig	0.07	0.06	0.11	0.10	0.06	0.11	0.18	0.28	0.20	0.10

注：TLaM：Total lamina mass，总叶片干重；TLaA：Total lamina area，总叶片面积；TLeM：Total leaf mass，总叶干重；TLeA：Total leaf area，总叶面积；TPM：Total petiole mass，总叶柄干重；ILaM：Individual lamina mass，单叶片干重；ILaA：Individual lamina area，单叶片面积；IPM：Individual petiole mass，单叶柄干重；SM：Stem mass，小枝茎干重；TM：Twig mass，小枝干重

性状间的异速生长关系采用Ⅱ型回归模型进行分析，通过软件 SMATR Version 2.0（http://www.bio.mq.edu.au/ecology/SMATR/）进行标准化主轴计算（Falster et al.，2007）。其中，异速生长斜率的置信区间参照 Pitman（1939）的标准，回归斜率的异质性采用 Watton 和 Weber（2002）的方法进行确定。各处理下元素含量用单因素方差分析（One-Way ANOVA），组间平均值的比较采用 Duncan 多重比较检验，显著性水平设定为 $\alpha=0.05$。采用 SPSS 19.0（SPSS，美国）软件进行分析。

6.4　性别间的生长差异

在叶、小枝水平上，将青杨雌雄植株各功能性状进行比较，结果见表 6-2。

表 6-2　青杨不同性别间叶的大小与小枝大小
（log 转换后标准化主轴回归斜率、截距和 95%的置信区间）

Table 6-2　Standardized major axis regression slopes，intercepts after common slopes and 95% confidence interval（CI）for log-log regression relationships between leaf size and twig size for different sexes of *P. cathayana*

y–x	Group	n	R^2	P	Slope	95% CI	Interc
TLaM-TPM	F	29	0.625	0.000	1.193	（0.939~1.516）	0.412
	M	33	0.692	0.000	1.213	（0.991~1.484）	0.315
ILaM-IPM	F	29	0.543	0.000	0.915	（0.703~1.191）	1.014
	M	33	0.583	0.000	0.945	（0.748~1.195）	0.921
TLaA-TPM	F	29	0.636	0.000	0.952	（0.752~1.206）	2.064
	M	33	0.597	0.000	1.250	（0.993~1.574）	1.247
ILaA-IPM	F	29	0.639	0.000	0.804	（0.636~1.018）	2.225
	M	33	0.510	0.000	1.071	（0.831~1.380）	1.760
TLaA-TLaM	F	29	0.773	0.000	0.798	（0.662~0.962）	1.736
	M	33	0.685	0.000	1.030	（0.840~1.263）	0.922
ILaA-ILaM	F	29	0.645	0.000	0.879	（0.696~1.110）	1.335
	M	33	0.561	0.000	1.133	（0.891~1.441）	0.716
TLeM-SM	F	29	0.714	0.000	0.835	（0.677~1.030）	0.812
	M	33	0.419	0.000	0.935	（0.710~1.232）	0.460
TLeA-SM	F	29	0.514	0.000	0.683	（0.521~0.897）	2.304
	M	33	0.160	0.021	0.978	（0.704~1.360）	1.307
TLeM-TM	F	29	0.958	0.000	0.974	（0.899~1.056）	−0.086
	M	33	0.909	0.000	1.075	（0.963~1.200）	−0.462
TLeA-TM	F	29	0.734	0.000	0.797	（0.651~0.975）	1.570
	aM	33	0.551	0.000	1.125	（0.882~1.434）	0.342

注：性状的缩写同表 6-1。Symbol of trait as in Table 6-1

6.4.1　叶水平上的生长关系

青杨植株的总叶片干重与总叶柄干重、单叶片干重与单叶柄干重分别之间表现为显著的正相关（$R^2 > 0.543$，$P < 0.001$；表 6-2），其算数移动平均线（SMA）

共同斜率分别为 1.205、0.932（95% CI=1.034～1.403，0.784～1.108）。总叶片干重与总叶柄干重、单叶片干重与单叶柄干重的 y 轴截距均差异显著（$P=0.014$，0.007），其中雌株 y 轴截距显著大于雄株（图 6-1A，图 6-1B）。较高的 y 轴截距表明雌株在叶柄干重一定时具有更大的叶片干重。

总叶片面积与总叶柄干重、单叶片面积与单叶柄干重之间分别表现为显著的正相关（$R^2>0.510$，$P<0.001$），其 SMA 共同斜率分别为 1.094、0.917（95% CI=0.922～1.299，0.768～1.099；表 6-2）。y 轴截距均差异显著（$P=0.000$，0.000），其中雌株显著大于雄株（图 6-1C，图 6-1D）。较高的 y 轴截距表明雌株在叶柄干重一定时具有更大的叶片面积。

此外，总叶片面积与总叶片干重、单叶片面积与单叶片干重之间分别也表现出显著的正相关关系（$R^2>0.561$，$P<0.001$；表 6-2），其 SMA 共同斜率分别为 0.895、0.993（95% CI=0.776～1.038，0.837～1.182）。总叶片面积与总叶片干重的 y 轴截距差异显著（$P=0.024$），同样表现为雌株的 y 轴截距显著大于雄株（图 6-1E）。这表明雌株在给定总叶片干重时具有更大的总叶片面积。而单叶片面积与单叶片干重的 y 轴截距差异不显著（$P=0.083$）。

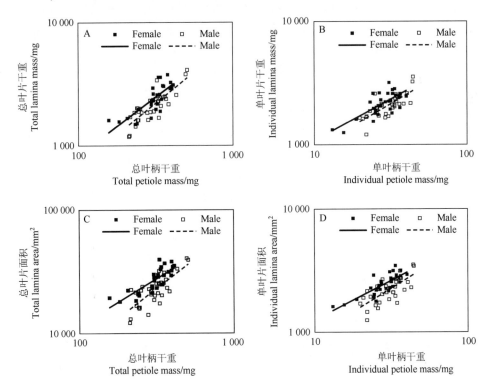

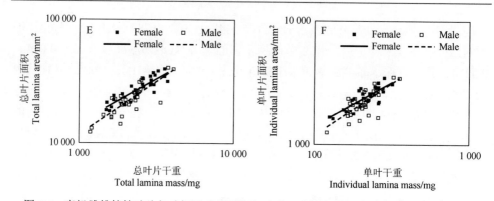

图 6-1　青杨雌雄植株叶片与叶柄及叶片面积与叶片干重的生长关系（Yang et al.，2015）

Fig. 6-1　The growth relationships between lamina size and petiole mass，lamina area and lamina mass in female and male *P. cathayana*

　　从功能的角度来看，叶片可分为两部分：一部分为起支撑作用的叶柄，一部分为进行光合作用的叶片。叶片对碳获取起主要作用，所以植物总是尽可能多地增加叶片的生物量，减少叶柄的生物量。然而这样的最优化选择被生物力学和叶柄与叶片之间的功能关系所限制（Li et al.，2008）。研究发现，青杨植株的叶片大小与叶柄大小正相关，叶片干重与叶柄干重也呈正相关关系。该现象与 Li 等（2008）对我国西南地区的 93 种木本植物的研究，以及祝介东等（2011）对来自6 个地区的 97 种木本及灌木的研究结果一致。

　　此外，本研究还发现总叶片干重与总叶柄干重的生长呈大于 1.0 的异速生长关系，该结果表明了青杨植株在总叶片增长速率方面快于总叶柄。但是，单叶片干重与单叶柄干重之间的生长关系却呈等速生长，这一不一致的情况我们分析可能是每个小枝上叶片数量所占的权重不一致导致的。总叶片面积与总叶柄干重的生长也呈大于 1.0 的异速生长关系，表明青杨植株在叶片增长速率方面快于叶柄，这一结果与前人的研究结果不一致（Li et al.，2008）。

　　我们还发现雌雄植株在叶片与叶柄生长之间表现出明显的性别差异，雌株的 y 轴截距显著大于雄株，即当叶柄干重一定时，雌株比雄株可以支撑更大的叶片、积累更多干重和具有更大的叶面积，该结论在单叶片干重-单叶柄面积及单叶片面积-单叶柄面积之间同样得到了证实。根据之前的研究，小五台山青杨雄株营养生长偏重于植株增高，开花时的株高、胸径也都大于雌株（李霄峰等，2013）。所以在青杨种群中，雄株叶柄需要承受更多强风和重力带来的阻力，从而其叶柄支撑更小的叶片。雌株叶片的生长速率低于雄株，这与 Hoffmann 和 Alliende（1984）研究结果一致，即雄性个体的嫩枝具有比雌性个体更高的营养生长率。

6.4.2　小枝水平上的生长关系

青杨雌雄植株的总叶干重、总叶面积与茎干重之间分别表现为显著的正相关（$R^2 > 0.160$，$P < 0.021$；表 6-2），其 SMA 共同斜率分别为 0.870、0.788（95% CI=0.738～1.029, 0.638～0.982）。总叶干重-茎干重的截距差异不显著（P=0.066）；而总叶面积-茎干重的 y 轴截距差异显著（P=0.005），雌株显著大于雄株（图 6-2B），表明雌株在茎干重一定时具有更大的总叶片面积。根据 Kavanagh 等（2011）的解释，雌株的小枝上要着生果实和种子，在相同的生长季节中需要雌株具有比雄株更大的叶片面积来提高光合能力，增快同化物质的积累速率，从而满足果实和种子快速发育的需要。而对雄株而言，由于产生花粉所需的生殖成本相对较少，且开花不久后花序脱落，所以对同化物质需求的迫切程度低于雌株。因此，青杨雌雄植株在总叶面积-茎干重生长关系上表现出的性别差异实际上是该类植物在长期进化过程中所形成的一种满足雌雄植株不同繁殖需求的功能分化。

青杨雌雄植株的总叶干重、总叶面积与小枝干重之间分别也表现为显著的正相关（$R^2 > 0.551$，$P < 0.001$；表 6-2），总叶干重-小枝干重的 SMA 共同斜率为 1.007（95% CI=0.943～1.079），总叶面积-小枝干重没有共同斜率（P=0.035）。总叶干重-小枝干重的 y 轴截距差异不显著（P=0.094；图 6-2C）。

目前，在小枝水平上研究雌雄异株植物的叶干重与叶面积比例关系的数据还未见报道。前人对物种间的调查表明，木本植物的总叶干重与总叶面积是等速生长的（Sun et al.，2006），但是 Yang 等（2010）认为总叶干重与总叶面积是呈斜率为 1.197 的异速生长关系，这些研究结果的差异可能是由于不同地区的环境差异引起的。本研究中我们发现，总叶片面积-总叶片干重之间、单叶片面积-单叶片干重之间均呈正相关关系，且呈等速生长关系，这与前人的结果不一致（Li et al.，2008）。雌雄植株在总叶片面积-总叶片干重之间存在着性别差异，雌株截距显著大于雄株，表明当总叶片干重一定时，雌株具有更大的叶片面积，朝着"叶片变大、变薄"的方向演化。这一结果从叶水平上证明了雌株在繁殖成本积累过程中需要更大的叶片来提高光合产物的积累，最终满足繁殖成本积累的需要。

本研究发现总叶干重-茎干重、总叶干重-小枝干重之间的生长关系均表现为等速生长，即总叶的生物量积累与茎生物量、小枝生物量的积累均近似于等比例增长。有关叶干重与小枝干重的研究工作早有开展，如 Xiang 等（2009）研究发现叶干重与小枝干重、叶干重与小枝干重均是等速生长关系；Yang 等（2010）发现总叶干重与茎干重、小枝干重是斜率接近 1.0 的等速生长。因此，我们的结果与上述研究完全吻合。总叶面积-茎干重之间的生长关系表现为小于 1.0 的异速生长，这一结果与 Yang 等（2009）的研究结果一致。

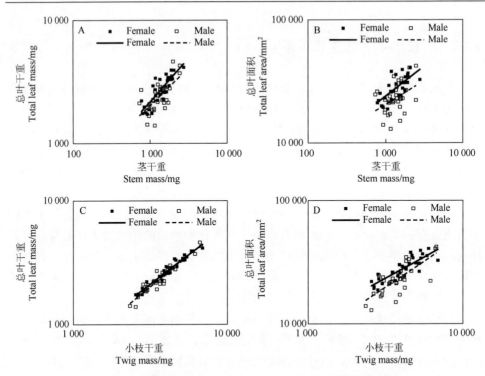

图 6-2　青杨雌雄植株叶与茎干重、叶与小枝干重的生长关系

（杨延霞等，2014；Yang et al.，2015）

Fig. 6-2　The growth relationships between leaf size and stem mass，leaf size and twig mass in female and male *P. cathayana*

　　总之，在小枝水平上，青杨雌雄植株叶面积、叶干重均与小枝干重呈等速生长关系，这可能是由于青杨作为落叶物种，叶片寿命较短，所以叶功能构件的生长速率与叶生物量和小枝总重的生长速率是等速的。

6.5　海拔上的生长差异

　　海拔梯度上包括了光照、温度、湿度、水分等诸多环境条件的变化，会对植物生长发育、形态结构、生理生化特性产生影响（Körner，2003；潘红丽等，2009）。对于雌雄异株植物而言，海拔不仅对其分布有影响，还对其形态生理也会产生影响。Li 等（2007）对不同海拔梯度上的沙棘进行研究时发现，随着海拔的升高，沙棘雄株的株高、叶氮含量和叶碳同位素成分（$\delta^{13}C$）比雌株更高，而比叶面积、气孔长度及气孔指数则更低。雌雄植株的株高、比叶面积、气孔密度、气孔长度、气孔指数、叶氮含量及碳同位素成分等沿海拔梯度呈非线性变化，随海拔上升，其值在海拔 2800 m 以下逐渐增加，但在 2800 m 以上则逐步降低（Li et al.，2007）。

海拔梯度产生的环境异质性对植物的生长产生影响，雌雄异株植物对山地环境表现出不同的生理生态适应性。如段喜华等（2003）对不同海拔的泡沙参（*Adenophora potaninii* Fisch）进行研究，发现泡沙参的叶片对不同海拔环境形成一定的适应性：随着海拔升高，泡沙参叶表皮的角质层加厚，气孔大小有减小的趋势，且气孔密度会增大。高海拔区域的植物生长季短于低海拔地区的植物，且其光合作用在海拔间的差异明显。如高海拔地区植物的暗呼吸速率和光补偿点较低，光饱和点较高；随着海拔的升高，植物叶绿素含量随之增大（师生波等，2006）。叶片 $\delta^{13}C$ 量和单位叶面积氮含量均随海拔的升高而增大，呈正相关关系（Friend et al.，1989；Körner，2003）。此外，叶功能性状也对海拔变化产生适应性变化，如叶的长宽比、气孔密度和叶面积沿海拔梯度呈上升趋势（张慧文等，2010）。并且随海拔的升高，叶面积降低，株高和小枝直径也会增大（Hölscher et al.，2002）。上述植物生理生态特征在海拔上的差异必将导致种群特征的可塑性变化（Stott and Loehle，1998）。然而不同海拔雌雄异株植物小枝功能性状是否存在差异还不得而知。本节从高低海拔方面探讨青杨种群小枝功能性状的差异。

6.5.1　叶水平上的生长关系

高（1750 m）、低（1450 m）海拔上青杨植株的总叶片干重与总叶柄干重、单叶片干重与单叶柄干重之间表现为显著的正相关（$R^2>0.502$，$P<0.001$；表 6-3），其 SMA 共同斜率分别为 1.301、0.967（95% CI=1.121～1.512，0808～1.154）。总叶片干重与总叶柄干重、单叶片干重与单叶柄干重的 y 轴截距差异均显著（$P=0.001$，0.022），其中低海拔的 y 轴截距显著大于高海拔（图 6-3A，图 6-3B）。较高的 y 轴截距表明低海拔青杨在叶柄干重一定时具有更大的叶片干重。

从表 6-3 中还可以看出，高（1750 m）、低（1450 m）海拔上青杨植株的总叶片面积与总叶柄干重、单叶片面积与单叶柄干重之间分别表现为显著的正相关（$R^2>0.368$，$P<0.001$），其 SMA 共同斜率分别为 1.196、0.900（95% CI=1.002～1.436，0.741～1.102）。总叶片面积与总叶柄干重、单叶片面积与单叶柄干重之间 y 轴截距差异均不显著（$P=0.433$，0.928），沿共同斜率变异均显著（$P=0.011$，0.004）。

并且，高（1750 m）、低（1450 m）海拔上青杨植株的总叶片面积与总叶片干重、单叶片面积与单叶片干重之间均表现为显著的正相关（$R^2>0.566$，$P<0.001$；表 6-3），其 SMA 共同斜率分别为 0.918、0.929（95% CI=0.808～1.049，0.786～1.108）。总叶片面积与总叶片干重、单叶片面积与单叶片干重之间的 y 轴截距差异均显著（$P=0.006$，0.007），并且低海拔的 y 轴截距显著大于高海拔的（图 6-3E，图 6-3F），表明低海拔的青杨在叶片干重一定时具有更大的叶片面积。

表 6-3　高低海拔间叶的大小与小枝大小 log 转换后标准化主轴回归斜率、
截距和 95% 的置信区间

Table 6-3　Standardized Major Axis regression slopes, intercepts after common slopes and 95% confidence interval（CI）for log-log regression relationships between leaf size and twig size between low altitude and high altitude

y–x	Group	n	R^2	P	Slope	95% CI	Interc
TLaM-TPM	1450	37	0.645	0.000	1.342	（1.095～1.644）	0.045
	1750	25	0.720	0.000	1.254	（1.000～1.573）	0.199
ILaM-IPM	1450	37	0.502	0.000	0.941	（0.740～1.196）	0.967
	1750	25	0.592	0.000	0.999	（0.761～1.311）	0.840
TLaA-TPM	1450	37	0.467	0.000	1.318	（1.029～1.689）	1.123
	1750	25	0.639	0.000	1.083	（0.838～1.400）	1.689
ILaA-IPM	1450	37	0.368	0.000	1.014	（0.774～1.328）	1.883
	1750	25	0.555	0.000	0.794	（0.598～1.054）	2.208
TLaA-TLaM	1450	37	0.705	0.000	0.983	（0.816～1.183）	1.079
	1750	25	0.820	0.000	0.864	（0.720～1.036）	1.517
ILaA-ILaM	1450	37	0.566	0.000	1.078	（0.861～1.348）	0.841
	1750	25	0.699	0.000	0.795	（0.629～1.004）	1.541
TLeM-SM	1450	37	0.438	0.000	0.899	（0.697～1.160）	0.592
	1750	25	0.794	0.000	0.932	（0.768～1.132）	0.482
TLeA-SM	1450	37	0.140	0.022	0.901	（0.659～1.232）	1.570
	1750	25	0.659	0.000	0.828	（0.645～1.062）	1.831
TLeM-TM	1450	37	0.911	0.000	1.056	（0.953～1.169）	−0.386
	1750	25	0.972	0.000	1.001	（0.931～1.076）	−0.190
TLeA-TM	1450	37	0.535	0.000	1.058	（0.839～1.334）	0.590
	1750	25	0.804	0.000	0.888	（0.735～1.074）	1.234

注：性状的缩写同表 6-1。Symbol of trait as in Table 6-1

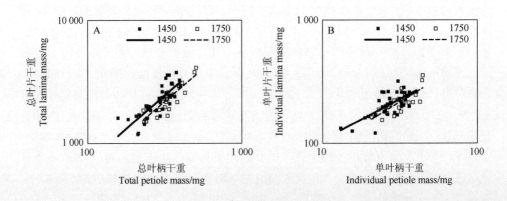

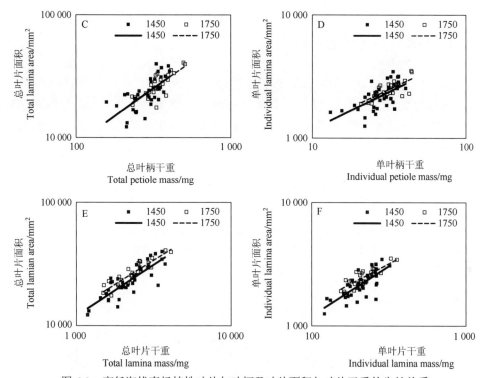

图 6-3　高低海拔青杨植株叶片与叶柄及叶片面积与叶片干重的生长关系

（杨延霞等，2014；Yang et al.，2015）

Fig. 6-3　The growth relationships between lamina size and petiole mass, lamina area and lamina

mass in *P. cathayana* between low altitude and high altitude

　　此外，本研究还发现总叶片干重与总叶柄干重的生长呈大于 1.0 的异速生长关系，表明青杨植株在叶片增长速率方面快于叶柄，总叶片面积与总叶柄干重的生长呈大于 1.0 的异速生长关系，表明青杨植株在叶片增长速率方面快于叶柄，这一结果与前人的研究结果不一致（Niinemets et al.，2007；Li et al.，2008）。叶片干重-叶柄干重的生长关系表现出明显的海拔差异，低海拔的 y 轴截距显著大于高海拔的，表明当叶柄干重一定时，低海拔的青杨比高海拔青杨具有更大的叶片干重。这可能是因为低海拔温度相比高海拔稍高，植株生长速率较快；并且高海拔处植株生长季较短，光合作用平均速率低（Körner，2003），从而导致叶柄干重一定时，低海拔植株更容易积累更多的生物量。

　　叶片干重-叶片面积的生长关系也表现出随着海拔的升高，y 轴截距显著升高。即当叶片干重一定时，低海拔植株具有更大的叶片面积。这可能是由于低海拔青杨植株密度相比高海拔的更高，彼此叶片之间遮挡较大，植株为了获取更多光照进行光合作用就需要更大的叶片面积。总之，青杨小枝各功能性状间的生长关系表现出了植株对高低海拔环境的不同适应性。

6.5.2　小枝水平上的生长关系

高（1700 m）、低（1400 m）海拔的青杨植株总叶干重、总叶面积与茎干重之间均表现为显著的正相关（$R^2>0.140$，$P<0.022$；表 6-3），其 SMA 共同斜率分别为 0.921、0.854（95% CI=0.790～1.072，0.705～1.038）。总叶干重、叶面积与茎干重的 y 轴截距差异均不显著（$P=0.740$，0.232；图 6-4A，图 6-4B）。

总叶干重、总叶面积与小枝干重之间表现为显著的正相关（$R^2>0.535$，$P<0.001$）（表 6-3），其对应的 SMA 共同斜率分别为 1.018、0.950（95% CI=0.961～1.081, 0.822～1.107）。总叶干重-小枝干重生长关系的 y 轴截距差异不显著（$P=0.826$；图 6-4C），而总叶面积-小枝干重的 y 轴截距差异显著（$P=0.041$；图 6-4D），并且高海拔的 y 轴截距显著大于低海拔，表明高海拔青杨植株在小枝干重一定时具有更大的叶片面积。

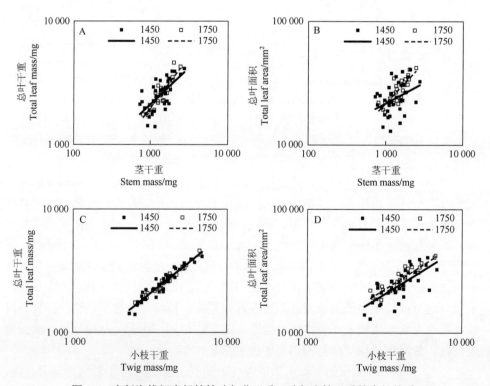

图 6-4　高低海拔间青杨植株叶与茎干重、叶与小枝干重的生长关系

Fig. 6-4　The growth relationships between leaf size and stem mass，leaf size and twig mass in *P. cathayana* between low-and high-altitude

总之，在小枝水平上，我们发现总叶干重、总叶面积均与茎干重和小枝干重之间表现出显著的正相关关系。并且总叶干重-茎干重、总叶干重-小枝干重之间的生长关系均表现为等速生长，这与性别间的研究结果一致，说明性别和海拔均对叶生物量与小枝生物量的生长速度产生影响。总叶面积-茎干重、总叶面积-小枝干重也呈等速生长关系，但是，总叶面积与小枝干重之间存在海拔上的差异，高海拔小枝干重一定时可以支持更大的叶面积，表明高海拔有更高的产出比。

6.6 雌雄植株在海拔上的生长差异

雌雄异株植物的形态、生理同样也受到海拔因素的影响。Grant 和 Mitton（1979）发现颤杨雌雄性比随海拔升高而降低可能与雌雄植株的生长有关。Ortiz 等（2002）发现 *Juniperus communis* 的雌雄性比随海拔升高而降低，在海拔 2600 m 种群明显偏雄，然而从生长上看，雌雄植株均随海拔生长下降，雌雄间并没有显著差异。而 Li 等（2005，2007）发现，随着海拔的升高，沙棘生理生态性状沿海拔梯度呈非线性变化，在海拔 2800 m 以下，雌雄个体大多数形态、生理生化指标随着海拔的升高逐渐升高，而在海拔 2800 m 以上则逐渐降低。这些结果表明，性别间植株随海拔的变化模式可能与物种有关。那么，青杨雌雄植株随海拔变化是否也存在着性状差异呢？本节将围绕这一问题进行探讨分析。

6.6.1 叶水平上的生长关系

在高低海拔上，青杨雌雄植株的总叶片干重-总叶柄干重表现为显著的正相关（$R^2 > 0.644$，$P < 0.001$；表 6-4，表 6-5），其 SMA 共同斜率分别为 1.279、1.322（95% CI=1.013～1.581，1.060～1.665）。雌株的总叶片干重-总叶柄干重的 y 轴截距差异显著（$P=0.001$），低海拔显著大于高海拔（图 6-5A）。较高的 y 轴截距表明雌株在低海拔时，在总叶柄干重一定时具有更大的总叶片干重。而雄株的总叶片干重-总叶柄干重的 y 轴截距差异不显著（$P=0.124$；图 6-6A）。

表 6-4 高低海拔上青杨雌株叶的大小与小枝大小 log 转换后标准化主轴回归斜率、截距和 95%的置信区间

Table 6-4 Standardized Major Axis regression slopes, intercepts after common slopes and 95% confidence interval（CI）for log-log regression relationships between leaf size and twig size in female *P. cathayana* between low altitude and high altitude

y-x	海拔 Altitude/m	n	R^2	P	Slope	95% CI	Interc
TLaM-TPM	1450	17	0.688	0.000	1.113	（0.823～1.506）	0.645
	1750	12	0.813	0.000	1.442	（1.068～1.947）	−0.261

续表

y-x	海拔 Altitude/m	n	R^2	P	Slope	95% CI	Interc
ILaM-IPM	1450	17	0.664	0.000	0.903	(0.660~1.236)	1.060
	1750	12	0.519	0.008	1.209	(0.755~1.937)	0.539
TLaA-TPM	1450	17	0.640	0.000	0.927	(0.670~1.282)	2.146
	1750	12	0.795	0.000	1.088	(0.795~1.489)	1.696
ILaA-IPM	1450	17	0.664	0.000	0.827	(0.604~1.131)	2.209
	1750	12	0.657	0.001	0.896	(0.600~1.340)	2.069
TLaA-TLaM	1450	17	0.767	0.000	0.833	(0.640~1.083)	1.609
	1750	12	0.815	0.000	0.755	(0.560~1.018)	1.893
ILaA-ILaM	1450	17	0.694	0.000	0.915	(0.678~1.235)	1.239
	1750	12	0.552	0.006	0.741	(0.470~1.170)	1.669
TLeM-SM	1450	17	0.737	0.000	0.836	(0.633~1.105)	0.838
	1750	12	0.899	0.000	0.849	(0.679~1.060)	0.728
TLeA-SM	1450	17	0.468	0.002	0.704	(0.476~1.041)	2.256
	1750	12	0.715	0.001	0.669	(0.463~0.966)	2.327
TLeM-TM	1450	17	0.964	0.000	0.972	(0.875~1.079)	−0.067
	1750	12	0.984	0.000	0.954	(0.872~1.044)	−0.029
TLeA-TM	1450	17	0.705	0.000	0.818	(0.609~1.098)	1.494
	1750	12	0.801	0.000	0.752	(0.552~1.024)	1.730

注：性状的缩写同表 6-1。Symbol of trait as in Table 6-1

表 6-5　高低海拔上青杨雄株叶的大小与小枝大小 log 转换后标准化主轴回归斜率、截距和 95%的置信区间

Table 6-5　Standardized Major Axis regression slopes，intercepts after common slopes and 95% confidence interval（CI）for log-log regression relationships between leaf size and twig size in male *P. cathayana* between low altitude and high altitude

y-x	海拔 Altitude/m	n	R^2	P	Slope	95% CI	Interc
TLaM-TPM	1450	20	0.664	0.000	1.444	(1.088~1.917)	−0.235
	1750	13	0.686	0.000	1.161	(0.807~1.671)	0.424
ILaM-IPM	1450	20	0.481	0.001	0.991	(0.698~1.406)	0.861
	1750	13	0.620	0.001	0.954	(0.640~1.421)	0.900
TLaA-TPM	1450	20	0.423	0.002	1.368	(0.947~1.975)	0.956
	1750	13	0.601	0.002	1.089	(0.724~1.637)	1.660
ILaA-IPM	1450	20	0.399	0.003	1.168	(0.803~1.699)	1.609
	1750	13	0.532	0.005	0.794	(0.512~1.232)	2.196

续表

y-x	海拔 Altitude/m	n	R^2	P	Slope	95% CI	Interc
TLaA-TLaM	1450	20	0.541	0.000	0.947	（0.681～1.316）	1.179
	1750	13	0.850	0.000	0.937	（0.727～1.209）	1.262
ILaA-ILaM	1450	20	0.420	0.002	1.179	（0.815～1.704）	0.594
	1750	13	0.777	0.000	0.832	（0.611～1.133）	1.447
TLeM-SM	1450	20	0.275	0.018	0.806	（0.535～1.215）	0.842
	1750	13	0.768	0.000	1.038	（0.758～1.421）	0.170
TLeA-SM	1450	20	0.025	0.502	0.776	（0.484～1.243）	1.899
	1750	13	0.662	0.001	0.990	（0.679～1.443）	1.329
TLeM-TM	1450	20	0.855	0.000	1.059	（0.878～1.278）	−0.411
	1750	13	0.973	0.000	1.041	（0.933～1.160）	−0.328
TLeA-TM	1450	20	0.346	0.006	1.020	（0.690～1.507）	0.693
	1750	13	0.833	0.000	0.993	（0.759～1.298）	0.854

注：性状的缩写同表 6-1。Symbol of trait as in Table 6-1

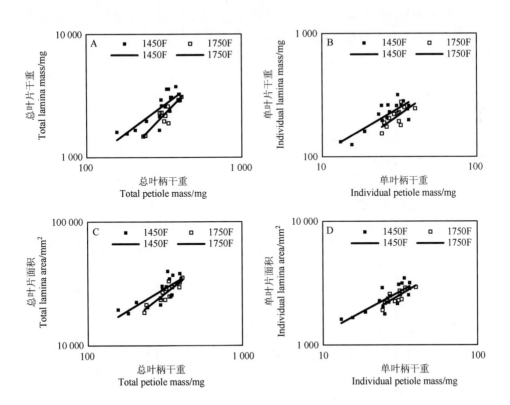

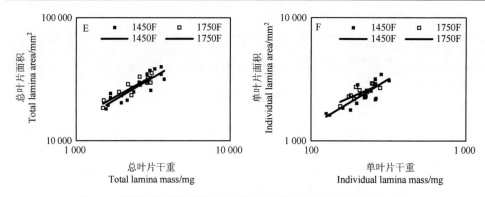

图 6-5　高低海拔青杨雌株叶柄及叶片面积与叶片干重的生长关系

Fig. 6-5　The growth relationships between lamina mass, lamina size and petiole mass in female *P. cathayana* between low-and high-altitude

　　同时，雌雄植株的单叶片干重-单叶柄干重之间也表现为显著的正相关关系（$R^2>0.481$，$P<0.01$；表 6-4，表 6-5），其 SMA 共同斜率分别为 0.992、0.973（95% CI=0.760～1.294，0.754～1.260）。雌株的单叶片干重-单叶柄干重的 y 轴截距差异显著（$P=0.003$），低海拔的 y 轴截距显著大于高海拔的植株（图 6-5B）。较高的 y 轴截距表明雌株在低海拔时，在单叶柄干重一定时具有更大的单叶片干重。而雄株的总叶片干重-总叶柄干重的 y 轴截距差异不显著（$P=0.519$；图 6-5B）。

　　高低海拔上青杨雌雄植株的总叶片面积-总叶柄干重之间表现为显著的正相关（$R^2>0.423$，$P<0.001$；表 6-4，表 6-5），其 SMA 共同斜率分别为 1.013、1.225（95% CI=0.804～1.259，0.939～1.623）。雌株的总叶片面积-总叶柄干重的 y 轴截距差异显著（$P=0.028$），低海拔的植株显著大于高海拔的植株（图 6-5C）。较高的 y 轴截距表明雌株在低海拔时，在叶总柄干重一定时具有更大的总叶片面积。雄株的总叶片面积与总叶柄干重的 y 轴截距差异不显著（$P=0.765$；图 6-5C）。

　　同时，雌雄植株的单叶片面积-单叶柄干重之间也表现为显著的正相关关系（$R^2>0.399$，$P<0.01$；表 6-4，表 6-5），其 SMA 共同斜率分别为 0.854、0.983（95% CI=0.670～1.086，0.739～1.337）。雌雄植株的单叶片干重-单叶柄干重的 y 轴截距差异均不显著（$P=0.051$，0.268；图 6-5D）。

　　此外，青杨雌雄植株的总叶片面积-总叶片干重之间表现为显著的正相关（$R^2>0.541$，$P<0.001$；表 6-4，表 6-5），其 SMA 共同斜率分别为 0.795、0.941（95% CI=0.657～0.967，0.774～1.145）。雌株的总叶片面积-总叶片干重的 y 轴截距差异不显著（$P=0.251$）。而雄株的 y 轴截距差异显著（$P=0.023$），并且高海拔显著大于低海拔（图 6-6E）。较高的 y 轴截距表明雄株在高海拔时，在总叶片干重一定时具有更大的总叶片面积（图 6-6E）。

　　同时，雌雄植株的单叶片面积-单叶片干重之间也表现为显著的正相关关系（$R^2>$

0.420，$P<0.001$），其 SMA 共同斜率分别为 0.856、0.948（95% CI=0.667～1.099，0.751～1.242）。雌株的单叶片面积-单叶片干重的 y 轴截距差异不显著（$P=0.200$）。而雄株的 y 轴截距差异显著（$P=0.021$），并且高海拔显著大于低海拔（图 6-6F）。较高的 y 轴截距表明雄株在高海拔时，在单叶片干重一定时具有更大的单叶片面积。

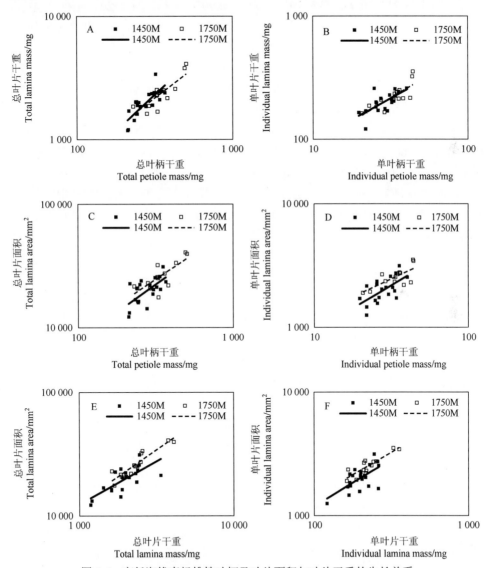

图 6-6　高低海拔青杨雄株叶柄及叶片面积与叶片干重的生长关系

Fig. 6-6　The growth relationships between lamina mass，lamina size and petiole mass in male *P. cathayana* between low-and high-altitude

6.6.2　小枝水平上的生长关系

在小枝水平上，高低海拔青杨雌雄植株的总叶干重-茎干重之间均表现为显著的正相关（$R^2 > 0.275$，$P < 0.01$；表 6-4，表 6-5），总叶干重-茎干重的 SMA 共同斜率分别为 0.844、0.955（95% CI=0.713～0.998，0.731～1.212）。雌株的总叶干重-茎干重的 y 轴截距差异显著（$P = 0.000$），低海拔的大于高海拔的（图 6-7A），表明低海拔雌株在茎干重一定时可以支撑更大的总叶干重。而雄株的总叶干重-茎干重的 y 轴截距差异不显著（$P = 0.096$；图 6-7A）。青杨雌株的总叶面积-茎干重为显著正相关（$R^2 > 0.468$，$P < 0.01$；表 6-4）。雌株的总叶面积与茎干重的 y 轴截距差异不显著（$P = 0.124$；图 6-7B）。

此外，雌雄植株的总叶干重-小枝干重之间分别表现为显著的正相关（$R^2 > 0.855$，$P < 0.001$；表 6-4，表 6-5），总叶干重-小枝干重的 SMA 共同斜率分别为 0.961、1.045（95% CI=0.900～1.027，0.954～1.146）。雌株总叶干重-小枝干重的 y 轴截距差异显著（$P < 0.001$；图 6-7C），低海拔显著大于高海拔，表明雌株低海拔小枝干重一定时具有更大的总叶干重。而雄株的 y 轴截距差异不显著（$P = 0.112$；图 6-8C）。

雌、雄植株总叶面积-小枝干重均为显著正相关（$R^2 > 0.346$，$P < 0.01$；表 6-4，表 6-5），其 SMA 共同斜率分别为 0.784、1.000（95% CI=0.638～0.967，0.807～1.243）。雌株总叶面积-小枝干重的 y 轴截距差异不显著（$P = 0.877$；表 6-7D）。而雄株的总叶面积与小枝干重的 y 轴截距差异显著（$P = 0.011$；图 6-8D），且高海拔显著大于低海拔，表明高海拔雄株在小枝干重一定时具有更大的总叶面积。

雌株叶内支撑投入在高低海拔上的差异主要是由自身的生理特性和环境压力的影响造成的。前面讲到小五台山的低海拔区域是青杨雌株的最适分布区，且处于盛年期的数量最多，而高海拔的雌株数最少，且聚集分布，因此高海拔不利于植株进行光合作用和生物量的积累。再者，由于青杨雌株对胁迫环境的适应能力较弱，随着海拔的升高，气温降低，限制了水和营养物质在茎和小枝里的传输。因此，在叶柄投入一定时，高海拔雌株具有更小的叶片面积，表明高海拔青杨雌株通过减小叶片面积的方式来提高对高海拔恶劣环境的抵御能力（Li et al.，2008）。而雄株与雌株在海拔上的差异可能是由于高海拔区域是雄株的最适分布区，且有显著优势，呈现随机分布状态。根据 Xu 等（2008a）的研究结果，青杨雄株对胁迫环境的适应能力更强，而雌株更适合在温暖湿润的环境下生长。正是由于高低海拔造成的生境差异，使雌雄植株产生不同的适应策略，导致其在功能性状上不同。

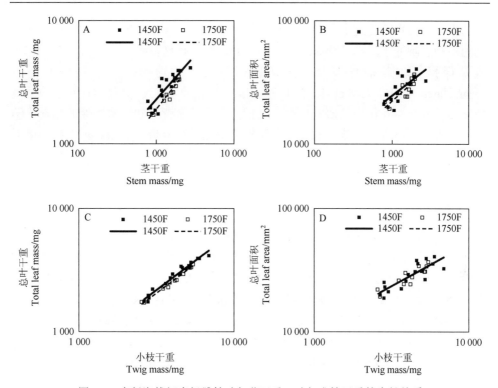

图 6-7　高低海拔间青杨雌株叶与茎干重、叶与小枝干重的生长关系

Fig. 6-7　The growth relationships between leaf size and stem mass，leaf size and twig mass in female *P. cathayana* between low-and high-altitude

6.7　小枝元素含量特征

生物化学计量学主要研究生命体系中能量和多种化学元素间的平衡关系 （Elser et al.，2000；Yu et al.，2010）。化学计量学认为，生物多样性及生物对环境的响应差异主要体现在元素比率上（如 C：N：P）。植物为了完成其生长生殖过程，必须生长在具有可获得性资源（即营养元素）的生境中。如植物缺 N 时会减少其分蘖数、花数，使籽实不饱满，导致产量降低，从而影响繁殖。在植物的生命过程中，养分的供应影响到植物的生长、发育和生殖等几乎全部生理过程。杨贵明等（2003）通过研究不同氮含量供应状况下桑树根、枝条和叶片对 N、P 的吸收时发现，施 N 处理下叶、枝、根中全 N 含量明显增加，全 P 含量显著降低；磷素累积量除叶片无显著差异外，根和枝均显著增加。Xu 等（2010）对青杨雌雄幼苗进行增温处理后发现，增温降低了青杨雌雄幼苗茎中 C 含量，增加了雌株中叶片 N 含量，且造成雌株地上部分生物量的积累和分配高于雄株；其结果显示，增温显著影响青杨雌雄幼苗的生物量分配及 C、N 浓度，并更有利于青杨幼苗雌

株的生长。当青杨受到 P 亏缺后，雄株叶片 N∶P 显著低于雌株，这使得雄株受到的不利影响低于雌株（Zhang et al.，2014）。以上研究表明植物组织内 C∶N∶P 值是根据其生长的环境从而灵活地调整其生长速率以适应周围的环境（Marschner，1995；Han et al.，2011）。因此，对植物 C、N、P 化学计量学与生境梯度的关系及相互作用的研究显得尤为重要。本节从营养和繁殖构件的元素化学计量学等方面对青杨雌雄植株及其沿海拔的变化进行分析，从而揭示气候变化下雌雄异株植物 C、N、P 含量分配情况。

6.7.1　叶片元素含量

通过对叶片养分元素的分析发现：不同海拔段（1450 m、1600 m、1750 m）青杨雌雄植株叶片的分析得到 C 平均含量为 446.30 mg/g，N 平均含量为 20.11 mg/g，P 平均含量为 1.75 mg/g；C/N 值为 22.54，C/P 值为 305.05，N/P 值为 13.65。其中，C 含量范围为 444.56（1750M）～448.46 mg/g（1450M）；N 含量为 18.20（1600M）～22.05 mg/g（1750F）；P 含量为 1.07（1450M）～2.44 mg/g（1600F）；C/N 为 20.43（1750F）～24.79（1600M）；C/P 为 218.09（1600F）～440.92（1450M）；N/P 为 9.90（1600M）～19.24（1450M）（表 6-6）。

表 6-6　不同海拔下青杨雌雄植株叶片的元素含量特征
Table 6-6　Elements features for female and male *P. cathayana* along an altitudinal gradient

海拔(m)/性别	C/(mg/g)	N/(mg/g)	P/(mg/g)	C/N	C/P	N/P
1450F	446.44±2.17a	20.52±0.61ab	1.30±0.13cd	22.07±0.73bc	380.16±25.90a	17.39±1.19a
1450M	448.46±3.49a	19.46±0.61bc	1.07±0.07d	23.38±0.71ab	440.92±23.31a	19.24±1.26a
1600F	444.82±4.97a	20.28±0.59ab	2.44±0.29a	22.16±0.61bc	218.09±23.48b	9.91±1.03b
1600M	446.81±3.55a	18.20±0.52c	1.91±0.12ab	24.79±0.68a	243.52±12.76b	9.90±0.56b
1750F	446.48±2.78a	22.05±0.62a	2.31±0.35a	20.43±0.56c	231.40±23.96b	11.18±1.05b
1750M	444.56±4.47a	20.36±0.66ab	1.68±0.10bc	22.17±0.77bc	279.16±17.10b	12.69±0.80b
F_S	0.792^{NS}	0.004**	0.013*	0.003**	0.059^{NS}	0.274^{NS}
F_H	0.832^{NS}	0.018*	0.000***	0.022*	0.000***	0.000***
$F_{S×H}$	0.836^{NS}	0.690^{NS}	0.546^{NS}	0.626^{NS}	0.714^{NS}	0.639^{NS}

注：F: Female，雌株，M: Male，雄株；F_S: sex effect，性别效应；F_H: altitude effect，海拔效应；$F_{S×H}$: sex×altitude interaction effect，性别和海拔交互效应。平均值±标准误（$n=15$）Means±SE（$n=15$）。每一列不同的字母表示有显著差异（双因素方差分析，Duncan 检验，$P<0.05$；*$P<0.05$，**$P≤0.01$，***$P≤0.001$；NS 无显著差异）。The different letters in the same column among treatments are significantly different at $P<0.05$ level according to Duncan's test. The significance of two-way ANOVA is denoted as follows: *$P<0.05$, **$P≤0.01$ and ***$P≤0.001$；NS，no significance

不同海拔下，雌雄植株叶片的元素含量除 C、C/P、N/P 外，N、P、C/N 均有差异，且表现为雌株大于雄株。雌雄间元素含量指标 N、P、C/N 含量差异显著，C、C/P、N/P 差异不显著；海拔间元素含量指标除 C 含量差异不显著外，其余含量指标均有显著差异。但是，雌雄与海拔的交互作用对元素含量的效应均不显著。

C/N 值和 C/P 值作为重要的生理指标，与植物氮和磷的利用效率有关，并可以反映植物生长速度（Aerts and Chapin，2000），N/P 则反映植物营养系统受 N 或 P 的限制情况（Güsewell，2004）。有研究发现 N/P 值大于 14 而植物叶片 P 含量低于 1.0 mg/g 时，P 元素对这一系统起限制作用；而当 N/P 值小于 10 和植物叶片 N 含量低于 20.0 mg/g 时，可以认为 N 元素对这一生态系统起限制作用；当 N/P 值在 10～14 范围内且 P 小于 1.0 mg/g、N 小于 20.0 mg/g 时认为两种元素共同起限制作用；当 P＞1.0 mg/g 和 N＞20.0 mg/g 时，两种元素都不缺少（Braakhekke and Hooftman，1999）。据此我们分析小五台山的青杨植株不缺少 N、P 元素。

青杨叶片 C、C/P、N/P 对海拔的响应不明显（表 6-6），但 N、P、C/N 在不同海拔上差异显著，且表现为高海拔比低海拔具有更高的 N、P 含量。温度-植物生理假说认为植物的生物化学反应速率在低温条件下会降低，低温使富 N 的酶及富 P 的 RNA 的活性下降，植物体内较高的 N 和 P 含量会提高其在低温下的适应能力和新陈代谢水平，导致生长在高寒地区植物叶片的 N 和 P 含量较其他地区高（Reich and Oleksyn，2004）。青杨雌雄植株在叶片的化学计量学特征上也存在差异，雌株 N、P 含量和 C/N 值均大于雄株，表明雌株比雄株具有更高的生长速度，且对 N、P 的利用效率更高。

6.7.2　花序元素含量

通过对青杨雌雄植株的花序元素含量的分析，得到青杨花序的 C 平均含量为 474.61 mg/g，N 平均含量为 47.41 mg/g，P 平均含量为 6.21 mg/g；C/N 值为 10.20，C/P 值为 80.12，N/P 值为 7.83。其中，C 含量范围为 460.10（1450F）～489.51 mg/g（1600M）；N 含量为 40.80（1450M）～55.25 mg/g（1600F）；P 含量为 5.16（1600M）～7.36 mg/g（1750F）；C/N 为 8.70（1600F）～11.68（1450M）；C/P 为 66.07（1750F）～92.35（1450M）；N/P 为 7.19（1750F）～8.41（1600M）（表 6-7）。

不同海拔下，雌雄植株的花序元素指标除 C、N/P 外，雌雄植株的 N、P、C/N、C/P 在海拔上均有差异，且表现为 N、P 雌株大于雄株，C/N、C/P 表现为雄株大于雌株。雌雄间元素指标除 N/P 差异不显著外，其余指标均有显著差异；海拔间元素含量指标除 C 含量差异显著外，均没有显著差异。但是，雌雄与海拔间的元素指标除 C/N 差异显著外，均差异均不显著。

研究还发现，花序的 N、P 的平均含量比叶的 N、P 平均含量成倍增加，表明花序的生长对 N、P 的需求量更大，也说明 N、P 是对植物繁殖起限制作用的元素。不同海拔下花序的 C/N、C/P 均表现为雄株大于雌株，表明雄株花序的生长速度大于雌株，这是由于青杨作为风媒植物，雄株需要快速生长来提供更多的花粉，从而提高授粉成功率。

表 6-7　不同海拔下青杨雌雄植株叶片的元素含量特征

Table 6-7　Elements features in inflorescence for female and male *P. cathayana* along an altitudinal gradient

海拔(m)/性别	C/(mg/g)	N/(mg/g)	P/(mg/g)	C/N	C/P	N/P
1450F	460.10±4.80c	50.29±0.87b	6.54±0.25bc	9.19±0.19c	72.06±3.05c	7.81±0.24ab
1450M	474.47±3.36b	40.80±0.65d	5.36±0.28d	11.68±0.21a	92.35±4.82ab	7.89±0.36ab
1600F	478.86±3.07ab	55.25±0.83a	7.02±0.18ab	8.70±0.15c	68.78±1.80c	7.91±0.15ab
1600M	489.51±3.17a	42.79±0.39cd	5.16±0.16d	11.46±0.14a	96.31±3.53a	8.41±0.30a
1750F	474.28±4.60b	52.18±1.83b	7.36±0.31a	9.26±0.35c	66.07±2.81c	7.19±0.28b
1750M	471.46±5.99bc	44.18±1.02c	5.95±0.40cd	10.75±0.29b	83.51±5.19b	7.72±0.37ab
F_S	0.043*	0.000***	0.000***	0.000***	0.000***	0.132NS
F_H	0.001**	0.083NS	0.064NS	0.401NS	0.138NS	0.063NS
$F_{S×H}$	0.113NS	0.099NS	0.449NS	0.024*	0.405NS	0.678NS

注：性状和统计分析同表 6-6。Symbols of trait and statistics as in Table 6-6

6.7.3　果实元素含量

通过对青杨雌雄植株的果实元素含量的分析，得到青杨果实的 C 平均含量为 465.20 mg/g，N 平均含量为 19.00 mg/g，P 平均含量为 3.29 mg/g；C/N 值为 25.20，C/P 为 145.18，N/P 为 5.89。其中，C 含量范围为 461.19（1700 m）～467.94 mg/g（1600 m）；N 含量为 17.43（1450 m）～21.59 mg/g（1700 m）；P 含量为 2.98（1600 m）～3.54 mg/g（1450 m）；C/N 为 21.77（1700 m）～27.43（1450 m）；C/P 为 132.74（1450 m）～164.05（1600 m）；N/P 为 4.93（1450 m）～6.54（1700 m）（表 6-8）。

表 6-8　不同海拔下青杨雌雄植株果实的元素含量特征

Table 6-8　Elements features in fruit for female and male *P. cathayana* along an altitudinal gradient

海拔 Altitude/m	C/(mg/g)	N/(mg/g)	P/(mg/g)	C/N	C/P	N/P
1450	466.06±2.57a	17.43±0.66b	3.54±0.08a	27.43±1.26a	132.74±2.97b	4.93±0.15b
1600	467.94±6.59a	18.41±0.61b	2.98±0.17b	25.83±1.06a	164.05±9.88a	6.39±0.35a
1700	461.19±3.75a	21.59±0.78a	3.34±0.12a	21.77±0.96b	140.18±4.79a	6.54±0.30a
P	0.576NS	0.000***	0.008**	0.003**	0.003**	0.000***

注：性状和统计分析同表 6-6。Symbol of trait and statistics as in Table 6-6

不同海拔下的青杨果实的元素指标除 C 外，均有显著差异。青杨果实的 N 含量为高海拔的高于中低海拔的，P 含量为高低海拔的大于中海拔的，C/N 值为中低海拔的大于高海拔的，C/P 值为中海拔的大于高低海拔的，N/P 值为高中海拔的大于低海拔的。

6.8　小　　结

通过对小五台山保护区不同海拔的青杨雌雄植株的当年生末端小枝的形态、生长及营养和繁殖构件的元素化学计量学的变化进行分析。主要结果如下：

（1）青杨植株在叶片增长速率方面快于叶柄。雌雄植株在叶和小枝水平存在生长差异，雌株单位叶柄干重比雄株可以支撑更大的叶片干重和面积。雌株单位叶片干重比雄株具有更大的叶片面积。雌株比雄株具有更大的茎和总叶面积，且当茎干重一定时，雌株比雄株具有更大的总叶面积。

（2）青杨植株在叶片与叶柄之间、叶片面积与叶片干重之间均表现出明显的海拔差异，当叶柄干重一定时，低海拔的比高海拔的可以支撑更大的叶片干重和面积。当叶片面积一定时，低海拔的植株需投入更多的生物量。总叶面积与小枝干重之间存在海拔上的差异，高海拔的单位枝重可以支持更大的叶面积，即高海拔的有更高的产出比。植株对不同生境的响应差异，反映了植物具有不同的生活史对策。

（3）青杨雌雄植株在高低海拔同样表现出不同的功能性状特征，雌株的叶片干重、叶片面积与叶柄干重之间均表现为单位叶柄干重在低海拔可以支撑更大的叶片生物量和面积，但是，雌株的叶片面积与叶片干重在高低海拔没有差异。雄株相比，低海拔的雄株有更大叶柄和叶片，且当叶片干重一定时，高海拔的有更大的叶片面积。雌株的总叶干重与茎干重、小枝干重在高低海拔均有差异，单位茎干重、单位小枝干重在低海拔比高海拔可以支撑更多的叶生物量。雄株的总叶干重与茎干重、小枝干重在高低海拔均没有差异。

（4）青杨叶片 C、C/P、N/P 对海拔的响应差异不明显，但 N、P、C/N 在不同海拔上差异显著，且表现为高海拔比低海拔具有更高的 N、P 含量。青杨雌雄植株在叶片的化学计量学特征上也存在差异，雌株 N、P 含量和 C/N 值均大于雄株，表明雌株比雄株具有更高的生长速度，且对 N、P 的利用效率更高。

（5）花序的生长对 N、P 的需求量更大，说明 N、P 是对植物繁殖起限制作用的元素。不同海拔下花序的 C/N、C/P 均表现为雄株大于雌株，表明雄株花序的生长速度大于雌株。

（6）果实的 N 含量为高海拔的高于中、低海拔的，P 含量为高、低海拔的大于中海拔的，C/N 值为中、低海拔的大于高海拔的，C/P 值为中海拔的大于高低海拔的，N/P 值为高、中海拔的大于低海拔的。

第7章　青杨雌雄植株的繁育系统研究

　　繁殖是植物进化的核心。繁育系统（花）作为被子植物最重要的器官之一，比其他器官具更高的变异性和敏感性（张大勇，2003）。本章通过研究不同海拔下青杨繁育系统的特点及雌雄植株内源激素的差异性，揭示雌雄异株植株在繁殖特征上对全球气候变暖的响应和适应的策略差异，为雌雄异株植物的适应性研究提供理论依据。

7.1　繁育系统随海拔变化的研究进展

　　植物在整个生活史中，先经过一段时间的营养生长后便进入生殖阶段，此时植物体形成生殖结构，并产生生殖细胞进行繁殖。植物在繁殖阶段对环境的变化敏感，比营养阶段更容易受到外界环境变化的影响（Friend and Woodward，1990）。近年来，植物繁育系统的重要性日益受到人们的关注，而有关植物繁育系统的研究工作开展较早。早在140多年前，Darwin创立了植物繁育系统研究（Darwin，1862）。后来Wyatt（1983）总结概括繁育系统定义，即直接影响后代遗传组成的有性特征，主要包括花器官的寿命、花综合特征、花开放式样、交配系统及自交亲和程度等。繁育系统的研究内容实际上是一个以"生殖"为核心，以探讨物种多样性发生历史、维持机制和保护策略为最终目的的综合交叉研究。一般来说，研究植物的繁育系统主要应弄清以下3个问题：植物种群的繁殖方式是有性繁殖还是无性繁殖？繁殖器官的性别特征（性系统）是怎样的？影响植物交配的花部性状有哪些（Silvertown and Charlesworth，2001）？针对植物的花部性状，起初人们只是简单描述花外部性状的性表达方式及其对昆虫的传粉适应，后来则将花器官表达和寿命、花开放式样、花发育模式、花粉-柱头相互识别、植物激素对其繁育系统的影响等新概念引入繁育系统的研究（何亚平和刘建全，2003）。植物激素是植物体内合成的对植物生长发育有显著作用的微量有机物，并参与到植物的发芽、生根、开花、结实、休眠和脱落等生命活动过程中（van den Ende et al.，1984；Khryanin，1987；Davies，1995），例如，van den Ende等（1984）提出，在植物发育过程中，生长激素如生长素（IAA）含量会显著增加，且激素（生长素、细胞分裂素、脱落酸等）间的平衡对植物的生命活动起决定作用。激素水平对花的发育过程会产生显著的调控作用（Khryanin，1987；赵健等，2009）。

　　雌雄异株植物是指雌雄植株在个体水平上是分离的，生活史具有二态型特征，其中雄性植株主要负责花粉的产生和散播，而雌性植株则是负责接受花粉、受精过程及果实和种子的发育（Freeman et al.，1976）。由于其繁殖器官在个体水平是分离的，给其繁育系统研究工作的开展造成了一定的困难。另外，国内对雌雄异株植物的研究主要集中在结构、形态差异、生态适应性等方面，却很少开展有关雌雄异株植物繁育系统随海拔梯度响应特点，以及从植物激素层面揭示激素对植株繁育系统的内在影响等方面的研究工作。因此，研究不同海拔条件下植物繁育系统对其内源激素的响应具有重要意义。

海拔是重要的综合环境因子，随着海拔的变化，许多环境因子如光照、温度、降水、CO_2 分压和土壤条件等也会随之改变，导致水分、热量的重新分配（Körner，2003），最终触发植物发生复杂生物适应性变化（Friend and Woodward，1990），从而导致其在生长发育、形态结构和生理生化指标等方面发生变化，最终对植物的繁育系统也会产生重大影响（Friend and Woodward，1990；Morecroft et al.，1992）。如 Bynum 和 Smith（2001）对高山龙胆（*Gentiana algida*）的研究发现，高海拔地区花的直径相对较大，花的颜色比较鲜艳。花的平均直径和花期也都随着海拔的升高而增加（Kudo and Molau，1999）。与低海拔的同种植物相比，生长在高海拔地区植物的花的寿命普遍较长（Arroyo et al.，1985）。王一峰等（2008）在调查了青藏高原不同海拔上的小花风毛菊（*Saussurea parviflora*）种群后发现，小花风毛菊的繁殖性状沿海拔梯度呈现一定的特异性的变异，如花丝和花药长与海拔梯度呈极显著的正相关，花粉数量则与海拔梯度呈极显著的负相关，花柱和花柱分枝与海拔梯度呈极显著正相关。同时，对该地区的星状风毛菊（*Saussurea stella*）种群的研究结果也表明，花瓣质量、花丝长及花柱长度与海拔梯度之间存在正相关关系，而花粉数量随海拔升高而减小，与海拔呈显著的负相关关系（王一峰等，2012）。另外，由于雌雄异株植物的繁育系统在性别个体上是分离的，因此海拔对雌雄异株植物繁育系统的影响也会存在差异。如海拔升高可能会促使雄株植物增大花的鲜艳程度以增加对传粉昆虫的吸引能力（Duan et al.，2005）。然而，上述研究主要集中在草本植物，对木本雌雄异株植物则关注较少。

7.2　繁育系统研究方法

7.2.1　野外采样

以海拔 1400～1700 m 的青杨自然种群集中分布区为研究区域，采用随机抽样的方法，选取生长状况即生长环境相近青杨雌雄植株各 10 株，共 60 株，并采集样树株高、胸径及生长地点的地理坐标、坡度和坡向等信息（表 7-1）。

青杨盛花期时，选取样树树冠阳光充足、长势良好、健康无病虫害的花序 10～15 个，放到 FAA 固定液中固定，带回实验室分析。

表 7-1 野外采样个体基本信息

Table 7-1 Basic description of sample individuals

编号 Number	经度 Longitude	纬度 Latitude	海拔 Altitude/m	坡度 Slope	坡向 Aspect	性别 Sex	株高 Height/m	胸径 DBH/cm
1	114°58′27.41″E	39°56′13.97″N	1378	11	312	M	18.3	35.65
2	114°58′38.81″E	39°56′9.19″N	1379	13	318	M	16.7	41.38
3	114°58′39.36″E	39°56′9.84″N	1389	12	316	F	18.2	39.79
4	114°58′42.19″E	39°56′8.64″N	1392	10	259	M	17.8	58.89
5	114°58′44.63″E	39°56′9.74″N	1410	13	264	F	19.1	35.65
6	114°58′56.14″E	39°56′2.26″N	1414	4	296	F	19.6	45.84
7	114°58′56.39″E	39°56′1.95″N	1416	4	295	M	18.6	57.93
8	114°59′1.39″E	39°56′1.57″N	1421	4	305	M	17.8	42.34
9	114°59′5.40″E	39°55′57.01″N	1440	2	256	M	19.2	44.56
10	114°59′25.94″E	39°55′55.33″N	1440	6	283	F	19.2	41.06
11	114°59′8.34″E	39°55′56.50″N	1441	3	251	M	16.7	49.34
12	114°59′11.03″E	39°55′54.46″N	1443	4	291	F	16.7	31.83
13	114°58′56.66″E	39°56′2.10″N	1450	4	298	F	18.5	40.11
14	114°58′42.85″E	39°56′8.90″N	1450	11	259	F	18.9	47.43
15	114°59′9.55″E	39°55′55.10″N	1455	3	262	M	16.7	42.34
16	114°59′16.71″E	39°55′54.47″N	1456	6	236	M	13.7	42.34
17	114°59′23.25″E	39°55′55.77″N	1459	3	247	M	15.5	38.83
18	114°59′21.00″E	39°55′57.00″N	1459	2	247	F	18.7	57.93
19	114°59′23.11″E	39°55′56.94″N	1460	3	243	F	13.4	35.97
20	114°59′19.02″E	39°55′55.84″N	1465	3	223	F	18.3	54.11
21	114°59′36.32″E	39°55′51.12″N	1522	4	286	F	21.1	37.24
22	114°59′54.66″E	39°55′49.12″N	1533	8	247	F	18.7	43.29
23	114°59′54.67″E	39°55′49.11″N	1534	8	267	F	19.2	50.93
24	114°59′53.19″E	39°55′48.77″N	1541	6	246	F	13.5	55.07
25	115°0′3.83″E	39°55′47.34″N	1543	4	326	M	18.2	42.02
26	115°0′10.35″E	39°55′43.10″N	1544	6	303	F	20.5	49.97
27	115°0′5.27″E	39°55′45.75″N	1544	4	293	M	19.3	50.29
28	115°0′3.65″E	39°55′47.22″N	1548	4	336	M	15.2	31.83
29	115°0′13.32″E	39°55′43.61″N	1549	8	325	M	16.7	29.60
30	114°59′54.84″E	39°55′48.74″N	1549	8	276	M	22.4	63.66
31	115°0′0.63″E	39°55′48.92″N	1550	4	311	M	21.7	63.03
32	115°0′10.60″E	39°55′43.30″N	1551	10	285	F	18.7	42.97
33	115°0′12.01″E	39°55′43.87″N	1551	9	289	M	16.8	54.11
34	115°0′11.54″E	39°55′43.73″N	1551	8	315	M	17.6	55.70
35	115°0′10.57″E	39°55′44.40″N	1554	11	268	F	16.4	51.88
36	115°0′5.11″E	39°55′45.78″N	1556	4	294	M	20.1	42.65
37	115°0′12.91″E	39°55′43.33″N	1557	8	326	F	13.8	44.25

续表

编号 Number	经度 Longitude	纬度 Latitude	海拔 Altitude/m	坡度 Slope	坡向 Aspect	性别 Sex	株高 Height/m	胸径 DBH/cm
38	115°0′8.42″E	39°55′42.17″N	1560	6	300	F	18.8	42.65
39	115°0′15.44″E	39°55′43.19″N	1566	4	321	M	17.2	37.56
40	115°0′12.88″E	39°55′44.18″N	1575	6	296	F	18.7	38.52
41	115°0′49.83″E	39°55′47.44″N	1678	7	221	F	13.5	40.74
42	115°0′55.92″E	39°55′49.43″N	1687	8	242	F	17.6	38.52
43	115°0′55.98″E	39°55′49.41″N	1687	8	241	M	19.2	54.43
44	115°0′53.50″E	39°55′48.73″N	1693	3	199	M	15.7	37.88
45	115°1′4.57″E	39°56′4.77″N	1698	7	209	M	12.3	61.43
46	115°0′54.77″E	39°55′48.66″N	1706	12	263	F	19.2	39.15
47	115°0′54.44″E	39°55′48.84″N	1714	12	262	F	16.2	55.07
48	115°1′5.31″E	39°56′6.51″N	1737	11	214	M	14.5	42.02
49	115°0′59.24″E	39°55′48.02″N	1746	11	206	F	19.7	35.65
50	115°0′58.67″E	39°55′55.79″N	1748	6	232	M	16.8	31.19
51	115°0′58.72″E	39°55′56.75″N	1748	6	237	M	18.7	61.75
52	115°0′59.88″E	39°55′59.18″N	1752	15	203	F	18.7	47.43
53	115°0′59.90″E	39°55′59.47″N	1756	11	207	F	19.1	36.92
54	115°0′59.93″E	39°55′59.47″N	1757	11	208	F	17.8	38.20
55	115°1′2.83″E	39°56′3.78″N	1764	9	210	M	18.4	69.07
56	115°1′2.97″E	39°56′3.74″N	1765	9	213	M	18.7	54.43
57	115°0′59.88″E	39°55′59.56″N	1766	11	209	F	14.5	42.34
58	115°1′4.35″E	39°56′3.71″N	1767	7	232	F	14.8	54.75
59	115°1′0.04″E	39°56′1.94″N	1772	12	217	M	19.7	56.34
60	115°1′0.73″E	39°56′0.95″N	1776	12	230	M	19.3	48.06

7.2.2　花的性状测定

（1）花序长度、花柄长度、苞片大小、子房长度和直径、柱头长度和宽度等指标均用毫米测微尺进行测量；花朵数和花药数直接计数；单花生物量、单个花药生物量则是将花各结构分开后放在 65℃烘箱中，不间断烘 72 h 至恒重，然后称其质量。

（2）花粉数量测定方法：随机选取尚未开裂的雄蕊 50 个（每朵花取 1 个雄蕊）放入 FAA 固定液中，用 HCl（1 mol/L）60℃水解 1 h 去除药壁，花粉粒悬浮液定容至 10 mL，吸取 2 μL 悬浮液于显微镜下观察，统计花粉量，重复 10 次。

（3）胚珠数的测定方法：取子房在解剖显微镜下用解剖针剖开，统计胚珠数，重复 20 次。

（4）花内源激素含量的测定：采用酶联免疫法（ELISA）（Zhao et al.，2009），测定赤霉素、玉米素核苷、吲哚乙酸和脱落酸 4 种植物激素。

（5）花粉形态特征的鉴定：由于青杨的花粉壁比较薄，干燥后易变形，故本章研究的花粉是经水培法获取，即将带有青杨雄花序的枝条取回室内，进行水培后收集新鲜的花粉。收集后将新鲜花粉立即放入 2%的戊二醛固定液中，固定 4 h 以上（冰箱中保存），花粉和固定液比例是 1∶40。制样时先用 0.1 mol/L 的磷酸缓冲液进行冲洗，后要经过 30%、50%、70%、90%和 100%乙醇进行梯度脱水，间隔时间 15 min。然后经丙酮-乙醇混合液（体积分数 1∶1）、丙酮、丙酮-乙酸异戊酯混合液（体积分数 1∶1）进一步脱水，间隔时间 30 min。接着进行临界干燥，将干燥后的供试花粉分别用牙签均匀弹在沾有双面导电胶的金属载台上，在电镜下观察，每个样品测量 20 粒花粉的直径，选有代表性的群体、个体和花粉壁纹饰显微照相。

7.3　海拔梯度上花形态和生物量变化特征

7.3.1　雄花形态和生物量的变化特征

由表 7-2 可知，青杨雄株可以通过改变其花性状来适应海拔的变化。其中，单个花序的总花数和单花雄蕊生物量百分比在各海拔之间没有差异性，而中海拔的花序长度最短，但花柄长度最长。中、低海拔雄花的萼片大小、单个花药生物量和单个花药花粉量彼此无显著差异，却与高海拔之间存在显著差异。单花花药数和单花生物量在高海拔和中海拔之间无差异，却与低海拔存在显著差异。据此可推断，该地区的中海拔（1550 m）是青杨雄株生长的临界海拔。另外，从整体来看，萼片大小、单花花药数、单花生物量、单花药生物量和单药花粉量等指标随海拔呈线性变化，即随海拔的升高而增大（多）。

表 7-2　海拔梯度上的青杨雄花的形态指标和生物量的变化特点

Table 7-2　Variations on morphology and biomass of flower in male *P. cathayana* along an altitudinal gradient altitudes

形态指标 Morphological trait	海拔 Altitude/m			$P>F_A$
	1400	1550	1700	
花序长度 Inflorescence length/mm	53.78±2.69a	42.83±3.07b	49.62±2.55ab	0.048*
单个花序花数 No. flowers per inflorescence	42.40±3.01a	37.30±2.21a	42.40±1.36a	0.234NS
花柄长度 Pedicel length/mm	0.99±0.02c	1.47±0.07a	1.20±0.04b	0.000***

形态指标 Morphological trait	海拔 Altitude/m			$P > F_A$
	1400	1550	1700	
萼片大小 Sepal size/mm	2.73±0.05b	2.85±0.08b	3.17±0.04a	0.001***
单花花药数 No. of anthers per flower	26.98±1.08b	36.04±2.00a	33.62±0.98a	0.002**
单花生物量 Single flower biomass/mg	1.97±0.08b	2.70±0.19a	2.86±0.13a	0.002**
单花药生物量 Single anther biomass/μg	64.13±2.82b	64.67±1.88b	73.44±2.95a	0.045*
单药花粉量 No. of polleNS per anther	1246.68±31.70b	1218.58±24.60b	1404.00±73.86a	0.040*
单花雄蕊生物量百分比 Stamen biomass percentage/%	0.88±0.01a	0.86±0.01a	0.86±0.01a	0.246NS

注：测定值为平均值±标准误（$n=5$）。F_A，海拔效应。同一行中测定值后标有不同字母则表明相互间有显著差异（Duncan 多重检验法），显著水平 $P<0.05$。*$P \leqslant 0.05$；**$P \leqslant 0.01$；***$P \leqslant 0.001$；NS，无显著差异。Each value is the Mean±SE（$n=5$）. F_A, altitude effect.Values followed by the same letter in the same column are not significantly different at $P<0.05$ level according to Duncan's test. *$P \leqslant 0.05$；**$P \leqslant 0.01$；***$P \leqslant 0.001$；NS，no significance

7.3.2　雌花形态和生物量的变化特征

青杨雌花的各项指标中除花序长度和柱头长度在各海拔间无差异外，其他指标变化均表现出不一致性。中海拔区域的萼片大小和胚珠数是 3 个海拔中最小的，分别与其他两个海拔之间存在显著差异；而萼片大小在高、低海拔之间差异不显著；随着海拔的升高，柱头宽度表现出增加趋势。此外，柱头宽度在中、低海拔间差异不显著，但与高海拔相比均存在显著差异；而柱头生物量百分比则在中、高海拔间不存在显著差异，但与低海拔相比均差异显著（表 7-3）。

表 7-3　海拔梯度上的青杨雌花的形态指标和生物量的变化特点

Table 7-3　Variations on morphology and biomass of flower in female *P. cathayana* along an altitudinal gradient

形态指标 Morphological trait	海拔 Altitude/m			$P > F_A$
	1400	1550	1700	
花序长度 Inflorescence length/mm	50.73±3.27a	45.16±1.24a	46.03±7.01a	0.655NS
单个花序花数 No. of flowers per inflorescence	30.00±4.34b	42.00±1.38a	40.80±4.27ab	0.069NS
花柄长度 Pedicel length/mm	0.94±0.04a	0.69±0.02b	0.76±0.02b	0.000***
萼片大小 Sepal size/mm	3.54±0.18a	2.79±0.04b	3.37±0.08a	0.001***

形态指标 Morphological trait	海拔 Altitude/m			$P>F_A$
	1400	1550	1700	
子房长度 Ovary length/mm	2.68±0.12a	2.26±0.05b	2.38±0.07b	0.014**
子房直径 Ovary diameter/mm	2.86±0.10a	2.26±0.04b	2.34±0.04b	0.000***
柱头长度 Stigma length/mm	2.37±0.09a	2.43±0.04a	2.71±0.17a	0.112NS
柱头宽度 Stigma width/mm	3.32±0.16b	3.49±0.09b	4.09±0.20a	0.011**
胚珠数 No. of ovules per ovary	33.62±0.32a	27.38±0.32b	34.43±0.75a	0.000***
单花生物量 Single flower biomass/mg	3.29±0.28a	2.33±0.06b	2.42±0.10b	0.004**
柱头生物量百分比 Stigma biomass percentage/%	0.26±0.02b	0.32±0.01a	0.31±0.01a	0.035*

注：标示同表 7-2。The symbol as in Table 7-2

由上可知，青杨雌雄花序和花结构指标对海拔梯度的响应均呈现一定的规律性。如在海拔升高过程中，青杨雌花的萼片大小先显著降低，并在中海拔出现转折后显著升高。相比雌株而言，雄花的花柄长度却表现出相反的结果，花柄长度随海拔的升高而显著增大而后减小。研究结果还表明，海拔的升高显著促进了雌株子房宽度、柱头宽度和柱头生物量百分比（P 值分别为 0.014、0.008、0.031），降低了子房长度（$P=0.01$）和子房直径（$P<0.01$）。同时，青杨雄花萼片大小、单花生物量和单花药生物量随海拔的升高而增大。从前人的研究结果来看，有关海拔因素对植物繁殖性状的影响结果还没有形成一致的定论。如有研究表明高山黄耆（*Astragalus alpinus*）花的性状大小随海拔的升高而增大（Kudo and Molau，1999），但 Pailler 等（1998）通过对茜草科植物 *Chassalia corallioides* 的研究发现花的大小和海拔之间是呈负相关关系。在我们的研究中，青杨植株的单花生物量在海拔梯度上的变化规律完全相反，其中雌株的单花生物量随海拔的升高而增大，而雄株的单花生物量随海拔升高而减小。由此可见，青杨雌雄植株在不同海拔上，其繁殖分配策略存在差异。青杨雌雄植株的花序长度在中海拔达到最小值，以及各项指标在中海拔区域的特殊性，为青杨雌雄植株生长的临界海拔为中海拔（1550 m）区域的结论提供了一定的依据。

另外，胚珠数、单花花药数和花粉数量也是衡量植物繁殖力十分重要的指标。研究发现，胚珠数随海拔升高先减小后增大。而 Molau（1993）在对分布于同一区域的捕虫堇属两个物种进行调查时发现，这两个物种的胚珠数和海拔梯度之间存在显著正相关关系。不同物种改变繁殖力的适应策略或者最适生长环境差异可能是造成本实验结果和前人不一致的原因。花粉数量与海拔梯度之间有明显的线性关系，花粉数量随海拔的升高而增多。而其他研究则认为花粉数量和海拔梯度之间呈明显的负相关关系（Jaiswal et al.，1985；Khryanin，1987）。柱头是雌蕊的重要组成部分，其成熟时可以对花粉进行识别并为花粉的萌发提供必要的营养物质。本章的研究得出，海拔升高能促使雌花的柱头宽度增加，以便柱头能在恶劣的环境条件（强风或严寒）下增大捕获花粉和受精的概率。

许多研究表明，雌雄植株在繁殖投入上是不同的，且雄株的繁殖投入往往要小于雌株（Dawson and Bliss，1989；Dawson and Ehleringer，1993）。繁殖投入的差异将导致植物种群在环境胁迫条件下对分布格局及性比产生影响。如 Li 等（2005）对海拔梯度上的沙棘（*Hippophae rhamnoides*）种群进行调查时发现，沙棘雌株主要分布在低海拔区域，雄株则分布在高海拔区域。第 4 章中我们对各个海拔的青杨雌雄种群进行研究时发现，性比（雄：雌）随海拔升高而增大，低海拔偏向雌性，高海拔偏向雄性，而在中海拔最接近 1：1。因此我们认为中海拔是该地区青杨种群的最适繁衍区。并据此推测，对于青杨种群来说，以中海拔区域为中心升高或降低海拔都有可能增强胁迫程度，这样才能解释为什么胚珠数会随海拔的升高而增加。

另外，本研究发现从青杨最适繁衍区到高海拔的种群边缘，萼片有增大的趋势。作为重要花附属器官，萼片这种形态上的改变，使植物在应对寒冷环境时对子房及内部结构具有重要的保护作用（Körner，2003）。相对雌株来说，雄株更适宜于生长在温度相对较低的高海拔区域，海拔升高诱发雄株产生大量花粉。

综上所述，海拔对青杨花的形态、生物量及繁殖指标均产生了重要影响，主要表现为对胚珠数、花粉数量、单花生物量、萼片及柱头的影响，而这些变化都对青杨雌雄植株对各海拔区域的适应发挥着巨大作用。

7.4　海拔梯度上青杨花内源激素水平变化特征

植物激素的发现及在生理上的作用，大大推动了植物生理学的研究。近年来，植物激素在植物繁育系统研究工作中发挥了重要作用。国内外关于植物激素和植物繁育系统之间关系的研究越来越多。研究发现植物激素在花形态建成过程中发挥着巨大的作用（Jaiswal et al.，1985）。如植物内源激素水平的变化会诱导花的分化，使植物由营养生长向繁殖生长过渡（Khryanin，1987）；生长素对种子的形成及散落具有重要作用（Sorefan et al.，2009）；内源细胞分裂素的活性上升或含量增加能够促进花芽发育和果实及种子的形成（Dragovoz et al.，2002）；而施加外源细胞分裂素能够阻止落果并促进种子发育（Atkins and Pigeaire，1993），增加种子数量和种子总重（Dragovoz et al.，2002）。而细胞分裂素在促进果实的成熟方面具有重要作用，主要表现在促进坐果、影响果实种子中同化物的积累及胚乳发育等方面（周蕾等，2006）。Salopek-Sondi 等（2002）的研究表明在果实发育Ⅰ期，细胞分裂素的含量很少，而在果实发育Ⅱ期（包括从受精到幼果发育至直径约 3 cm 的时期）则增加了 36 倍，尤其是玉米素核苷（ZR）含量增加约 230 倍。此外，脱落酸（ABA）在果实成熟过程中也起到了重要的调控作用（陈昆松等，1999）。

除此之外，植物激素还可以作用于植物开花和受精过程，从而决定种子的性别比例（Durand and Durand，1984）。如 Dennis（2008）研究发现乙烯和赤霉素在苦瓜的性别表达中起到了决定性的调控作用。其中，乙烯和细胞分裂素主要促进雌性分化，赤霉素则主要促进雄性分化（王纬和曹宗巽，1983）。脱落酸的生理效应往往与赤霉素、细胞分裂素相反，即当脱落酸与赤霉素或细胞分裂素配合使用时，后者的效应被抑制。因此，植物的性别分化是由植物体内生长素和细胞分裂素、赤霉素与乙烯的平衡来调节的。抑制赤霉素合成或促进乙烯、细胞分裂素合成的则促进雌性分化；反之，可促进雄性分化（夏仁学，1996）。

植物激素除影响性别比例外，还对雌雄异株植物应对外界环境变化表现出的适应性差异有所影响。例如，Bavrina 等（1991）在研究雌雄异株植物小酸模（*Rumex acetosella*）时发现，植物激素在花的形成及性别的表达过程中发挥着巨大的作用。Hamdi 等（1987）在研究山靛（*Mercunialis annua*）时发现，通过外施生长素可以通过激活其体内的基因表达，使得山靛雌株变成雄株。在铅、铜、锌等重金属胁迫条件下，大麻（*Cannabis sativa*）植株在进行雌性化过程中玉米素含量显著升高，雄性化过程中赤霉素含量显著升高（Soldatova and Khryanin，2010）。在短日照条件下，沙棘雄性植株叶片中脱落酸含量比雌株增加得更早；并且在低温处理下的脱落酸峰值比雌株更高（Li et al.，2005）。上述研究表明雌雄异株植物在环境胁迫下，其激素水平存在显著差异。此外，在没有胁迫环境下，雌雄异株植物的植物激素含量也存在着差异。如内源生长素在雌雄异株植物的雄花和雌花中含量不同，通常是雌花高于雄花（Frankel and Galun，1977），而雄株中的细胞分裂素含量要显著高于雌株（Jaiswal et al.，1985），并且只有雌株的细胞分裂素含量会随着年龄的增加而逐渐降低，这可能是由于雌株转变其繁殖策略的结果（Oñate et al.，2012）。王白坡等（1999）发现银杏雌株芽尖中赤霉素和玉米素的含量比雄株高出20%，而雄株的吲哚乙酸和脱落酸含量高于雌株。

由上述可知，植物激素含量在雌雄异株植株中存在差异，并且在不同环境下其含量也会不同。那么，小五台山不同海拔梯度上雌雄青杨植株中植物激素是否也存在差异呢？本节从青杨赤霉素、玉米素核苷、吲哚乙酸和脱落酸 4 种植物激素的含量水平方面进行探讨。

7.4.1　花内源激素水平变化特征

中海拔（1550 m）青杨雄花的赤霉素和玉米素核苷含量及雌花的玉米素核苷含量都是最高的（图 7-1），两种激素含量变化与海拔之间不是呈线性关系。其中，玉米素核苷含量先随海拔升高增大而后减小。雄花的赤霉素含量亦先随海拔升高增大后减小，雌花的赤霉素含量在海拔差异不显著。此外，雌花和雄花的激素水平存在显著差异，雌花的赤霉素和玉米素核苷含量要显著高于雄花。

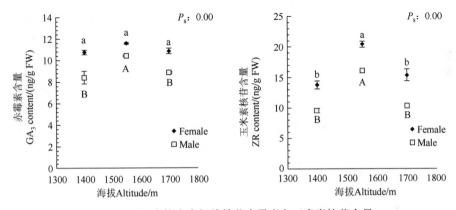

图 7-1　不同海拔上青杨雌雄花赤霉素和玉米素核苷含量

Fig. 7-1　GA$_3$ and ZR contents in male and female flowers of *P. canthayana* along an altitudinal gradient

注：数值为平均值±标准误（n=5）。P_s 代表性别间的差异性。大写（小写）字母代表雄株（雌株）海拔间的差异性（Duncan 多重检验法，$P<0.05$）。下同。Each value is the Mean±SE（n=5）. P_s, gender differences. The capital（lowercase）letters represent altitudinal difference of male（female）individual are significantly different at $P<0.05$ level according to Duncan's test

生长素（吲哚乙酸）含量随海拔的变化特征在青杨雌雄植株中是截然不同的，对雌株而言，雌花的吲哚乙酸含量随海拔升高先降低后升高，在中海拔达到最小值；而雄花吲哚乙酸含量在海拔间没有显著差异。脱落酸含量在中、低海拔的青杨雌雄花中没有显著差异，而在高海拔地区花器官中的脱落酸含量明显高于中、低海拔地区（图 7-2）。此外，从图 7-2 中还可以看出，雄花的吲哚乙酸和脱落酸含量低于雌花。总体上来看，青杨雌雄花中赤霉素、玉米素核苷、吲哚乙酸和脱落酸 4 种植物激素的含量在雌雄植株方面均有差异，即雌花 4 种激素的含量高于雄花。

通过对小五台山自然青杨植株雌雄花的研究发现，雄株和雌株花的内源激素含量存在差异。随着海拔升高，其内源激素含量发生变化，说明激素在植物适应

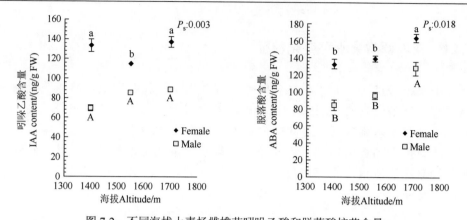

图 7-2　不同海拔上青杨雌雄花吲哚乙酸和脱落酸核苷含量

Fig. 7-2　IAA and ABA contents in male and female flowers of *P. canthayana* along an altitudinal gradient

标示同图 7-1。The symbol as in Fig. 7-1

环境胁迫过程中发挥着重要作用，且在雌雄植株之间存在差异。Xu 等（2008a）在同等干旱条件下对青杨雌雄植株进行增温处理后发现雌株的脱落酸含量要高于雄株。这与我们的研究结果一致：在海拔升高过程中，雌花脱落酸含量高于雄花。并且无论在青杨雌花还是雄花中，生长在高海拔区域的青杨植株花器官脱落酸含量均高于其他两个海拔。由于脱落酸被认为是"胁迫反应激素"，它将外界环境胁迫因子转变为植物体内部信号，并最终诱发基因的表达（Bray，2002），发挥着信使的作用（Guschina et al.，2002）。因此，本研究中高海拔地区脱落酸含量较高说明脱落酸对青杨植株适应高海拔环境具有重要作用。这些结果表明植物激素在植物适应环境过程中发挥着重要作用。

7.4.2　花的形态指标与其内源激素含量的相关性

表 7-4 和表 7-5 分别表示青杨雄花和雌花各项指标与 4 种内源植物激素含量之间的相关性。在雄株中，雄花玉米素核苷含量与花柄长度及单花花药数呈显著正相关，花柄长度与赤霉素含量的关系也呈显著正相关。而在雌花中，玉米素核苷含量与花柄长度及子房长度呈显著负相关；吲哚乙酸含量分别与花柄长度、萼片大小、子房长度、子房直径和胚珠数呈显著正相关；脱落酸含量和萼片大小及胚珠数之间也呈显著正相关。此外，各种植物激素含量之间也存在一定的相关性，雄花的脱落酸含量分别与赤霉素和玉米素核苷含量呈显著负相关；雌花的脱落酸含量只与吲哚乙酸含量呈显著正相关。无论在雌花还是雄花中，玉米素核苷含量和赤霉素含量始终呈显著正相关关系。

通过对各项指标的分析发现，花器官内源激素含量与花形态结构的变异之间有一定关系，不同内源激素种类有其自身的变化特点。内源激素含量的细微变化都会对植物的生长发育产生重大影响（Davies，1995）。虽无直接报道激素种类和含量与外在性状的关系，但我们通过分析激素含量变化与形态结构及生殖力的相关性推测，植物外在形态的改变正是由内部激素含量的变化所驱动的。因此，不同海拔区域青杨雌雄花内源激素含量可以作为分析花器官外在形态结构变化的生理机制。

表 7-4　青杨雄花各项指标与 4 种内源激素含量之间的相关性

Table 7-4　Correlation coefficients between the indexes and 4 endogenous hormone contents of flowers in male of *P. cathayana*

	花柄长度 Pedicel length	萼片大小 Sepal size	单花花药数 No. of anthers per flower	单花生物量 Single flower biomass	单花药生物量 Single anther biomass	单药花粉量 No. of pollens per anther	赤霉素含量 GA₃ content	玉米素核苷含量 ZR content	吲哚乙酸含量 IAA content	脱落酸含量 ABA content
花柄长度 Pedicel length										
萼片大小 Sepal size	0.212									
单花花药数 No. of anthers per flower	0.891**	0.522*								
单花生物量 Single flower biomass	0.720**	0.627*	0.853**							
单花药生物量 Single anther biomass	0.034	0.274	0.086	0.576*						
单药花粉量 No. of pollens per anther	−0.114	0.554*	0.109	0.359	0.482					
赤霉素含量 GA₃ content	0.759**	−0.303	0.464	0.292	−0.085	−0.479				
玉米素核苷含量 ZR content	0.852**	−0.084	0.633*	0.364	−0.259	−0.320	0.902**			
吲哚乙酸含量 IAA content	−0.469	0.044	−0.465	−0.254	0.115	0.247	−0.214	−0.283		
脱落酸含量 ABA content	−0.271	0.546*	0.030	0.292	0.478	0.469	−0.679**	−0.656**	−0.050	

注：**，*分别表示相关性显著水平在 0.01，0.05（双尾）。**，*−correlation is significant at 0.01，0.05 level（2-tailed），respectively

表 7-5　青杨雌花各项指标与 4 种内源激素含量之间的相关性

Table 7-5　Correlation coefficients between the indexes and 4 endogenous hormone contents of flowers in female of *P. cathayana*

	花柄长度 Pedicel length	萼片大小 Sepal size	子房长度 Ovary length	子房直径 Ovary diameter	柱头长度 Stigma length	柱头宽度 Stigma width	胚珠数 No. of ovules per ovary	单花生物量 Single flower biomass	赤霉素含量 GA$_3$ content	玉米素核苷含量 ZR content	吲哚乙酸含量 IAA content	脱落酸含量 BA content
花柄长度 Pedicel length												
萼片大小 Sepal size	0.718**											
子房长度 Ovary length	0.866**	0.755**										
子房直径 Ovary diameter	0.850**	0.632*	0.855**									
柱头长度 Stigma length	−0.06	0.329	0.175	−0.209								
柱头宽度 Stigma width	−0.339	0.160	−0.155	−0.386	0.805**							
胚珠数 No. of ovules per ovary	0.519*	0.734**	0.353	0.391	0.107	0.198						
单花生物量 Single flower biomass	0.696**	0.676**	0.756**	0.878**	0.042	−0.114	0.317					
赤霉素含量 GA$_3$ content	−0.037	0.159	−0.133	0.161	−0.070	0.106	0.349	0.201				
玉米素核苷含量 ZR content	−0.659**	−0.359	−0.547*	−0.383	0.024	0.217	−0.111	−0.325	0.567*			
吲哚乙酸含量 IAA content	0.760**	0.756**	0.524*	0.563*	0.052	0.021	0.915**	0.437	0.286	−0.324		
脱落酸含量 ABA content	0.387	0.699**	0.399	0.369	0.269	0.391	0.878**	0.288	0.309	0.071	0.784**	

注：标示同表 7-4。The symbol as in Table 7-4

7.5　海拔梯度上青杨花粉形态特征

7.5.1　花粉形态研究进展

　　成熟的花粉主要是花粉母细胞经减数分裂，形成四分体，随后四分体发生解离，发育成单细胞的花粉，最后经过 1～2 次的有丝分裂逐步发育而成。成熟的花粉粒具有双层细胞壁（内壁和外壁），内含 2～3 个细胞，分别为一个营养细胞和一个生殖细胞或两个精细胞。虽然花粉粒的形态和构造是多种多样的，其性状、大小及外壁上的纹饰存在一定的差异，萌发孔的数量和分布特征随物种而异，但是由于花粉是通过花粉母细胞减数分裂产生的，能够保持遗传的稳定性和变异性，使花粉在世代间的特征非常稳定。此外，花粉是植物生长发育、遗传变异和结构功能的基础，且在花粉粒表面形态、外壁层次及精细结构上表现出种间差异及其生物存留信息，故在植物遗传学和分类学研究中有重大的科学价值，已经发展为研究植物进化和分类的重要学科——孢粉学（palynology）（Stewart and Rothwell，1993）。近年来，全球变化和人类活动致使森林资源受到严重的破坏，对森林植物繁育系统的影响日益严重。科学工作者越来越重视花粉的形态学研究，这对于保护森林资源具有重要意义。同时扫描电子显微镜的发明特别是微观成像等先进技术在微观生物学领域的应用，对花粉形态学研究工作起了巨大的推动作用。扫描电子显微镜能得到分辨率高、直观、立体感强的图像和真实反映样品表面的形貌等优点，是目前为止进行花粉形态研究的最方便的工具之一。

　　由于花粉的形态特征相对稳定，对花粉形态的研究可以为确定该物种在植物分类系统上的地位提供参考。另外，由于植物的表现型是由遗传因素和外部环境两个因素的共同作用而决定的，故通过对不同地域或生境的相同或不同种、属的花粉形态的变异研究，可以探讨环境能否造成花粉粒形态和物种亲缘关系的变化。如张桂莲等（2008）在对水稻的耐热品系和热敏感品系的研究中发现，高温会导致两种品系的花粉粒直径增大，但耐热品系花粉直径比热敏感品系花粉直径增加幅度更大。刘家熙等（2003）通过研究发现厚壳树亚科（Ehretioideae）与破布木亚科（Cordioideae）花粉的形状、萌发孔类型和数目等都不同，故认为厚壳树亚科应作为紫草科（Boraginaceae）中的一个独立亚科，而不是破布木亚科的异名。而高连明等（2002）利用扫描电镜对杜鹃属（*Rhododendron*）和仿杜鹃属（*Menziesia*）两个属的花粉形态进行了观察和比较发现，虽然这两个属的花粉均为四合花粉，呈正四面体排列，但其花粉粒外壁纹饰和花粉大小均不同，因此认为它们存在明显的属间差异。

　　花粉也可以作为杨属植物分类的重要依据。杨属（*Populus*）是杨柳科中比较大的属，在世界范围内分布较广，且种类繁多，故杨属的分类系统比较混乱。1950年国际杨树委员会将杨属分为五大派，即胡杨派、白杨派、黑杨派、青杨派和大叶杨派，但不少专家学者仍有不同意见，并提出了其他分类方法。近年来，植物分类学家对杨属的花粉表面形态、外壁雕纹及精细结构进行观察，并将其作为分类的依据。如张绮纹等（1988）对杨属各派树种的花粉进行观察研究发现以下共同特点，花粉均无沟、无萌发孔、多呈球形、大小相近。但各派树种花粉外壁的纹饰有所不同，如胡杨派花粉外壁表面有大小不一、形状不规则的疣状突起，且疣的表面不平整；青杨派、大叶杨派和黑杨派的花粉外壁纹饰的主要特点为大小不等的云片状雕纹，不规则的小孔和乳突分布在片状隆起之上（张绮纹等，1988）。可见，花粉的形态学研究在植物分类学中占有重要的地位。实际上，在植物适应外界环境变化的过程中，其繁殖系统的变异对植物种群的生息和繁衍发挥着不可替代的作用。因此，本节研究小五台山不同海拔梯度上的花粉形态特征，并探讨其在适应外界环境变化中是否存在差异。

7.5.2　青杨花粉形态特征

　　不同海拔梯度上青杨花粉形态特征的差异不大（图7-3，图7-4，图7-5），花粉粒呈近球形，没有孔沟，无萌发孔。花粉为单粒花粉。花粉粒外壁纹饰为不规则云片状隆起，外壁上面布满形状不规则小孔和乳突。低、中、高海拔花粉的直径分别为（20.61±0.30）μm、（20.19±0.44）μm、（20.77±0.74）μm，海拔间的差异不显著（P=0.732）。

　　由于生物的表现型是由基因和环境共同作用决定的。而我们的研究发现随着海拔梯度的变化，小五台山青杨花粉的形态特征相对稳定，这说明海拔环境的改变并没有对花粉的形态特征造成影响。

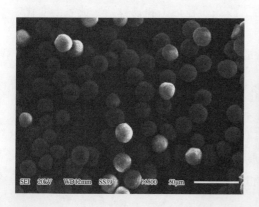
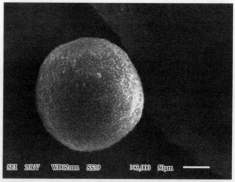

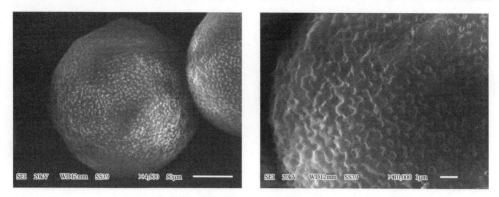

图 7-3　低海拔青杨花粉形态特征

Fig. 7-3　The morphological characteristics of *P. canthayana* pollens at low altitude

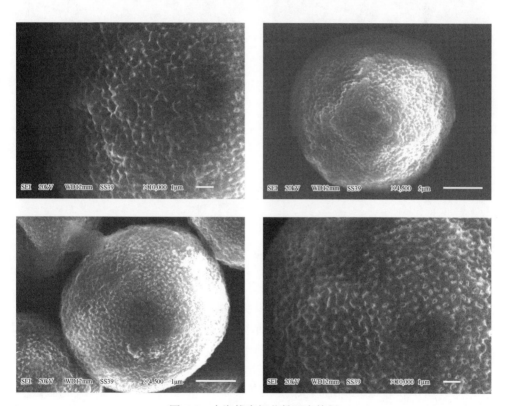

图 7-4　中海拔青杨花粉形态特征

Fig. 7-4　The morphological characteristics of *P. canthayana* pollen at middle altitude

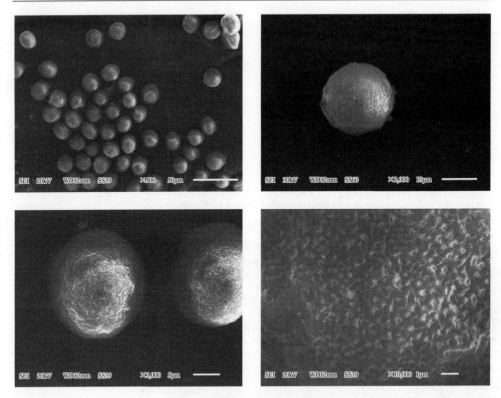

图 7-5　高海拔青杨花粉形态特征

Fig. 7-5　The morphological characteristics of *P. canthayana* pollens at high altitude

7.6　小　　结

通过对河北小五台山自然保护区不同海拔的天然青杨雌雄花形态特征、花内源激素含量特征及花粉形态特征进行测定和分析，得出如下主要结果如下：

（1）青杨雄株单个花序花数和单花雄蕊生物量百分比在各海拔之间没有差异性。中海拔青杨雄株的花序长度是 3 个海拔中最短的，而其花柄长度却是最长的。从整体来看，萼片大小、单花花药数、单花生物量和单花药生物量等指标随海拔呈线性变化，即随海拔的升高而增大（多）。生长在中海拔区域的青杨雌株的萼片大小和胚珠数是 3 个海拔中最小（少）的，分别与其他两个海拔之间存在显著差异。在整个海拔升高的过程中，雌株单个花序花数、柱头长度和柱头宽度均表现出增加趋势。

（2）中海拔（1550 m）区域的青杨植株，无论雌花还是雄花的玉米素核苷含量都是最高的，玉米素核苷含量先随海拔升高增大而后减小。对雌株而言，雌花的吲哚乙酸含量先随海拔升高而降低而后升高，在中海拔达到最小值，而雄花吲哚乙酸含量海拔间无差异。雌雄花脱落酸含量随着海拔的升高而增大。此外，青杨雌雄花中赤霉素、玉米素核苷、吲哚乙酸和脱落酸 4 种植物激素的含量在雌雄植株方面有差异，即雌花 4 种激素的含量高于雄花。

（3）在雄株中，雄花玉米素核苷含量与花柄长度及单花花药数呈现显著正相关，花柄长度与赤霉素含量的关系也呈显著正相关。雌花玉米素核苷含量与花柄长度及子房长度呈显著负相关，而雌花脱落酸含量和萼片大小及胚珠数之间呈显著正相关。吲哚乙酸含量分别与一些雌花指标，如花柄长度、萼片大小、子房长度、子房直径和胚珠数等呈显著正相关。

（4）海拔梯度青杨花粉形态特征差异不大。花粉粒均呈近球形，没有孔沟，无萌发孔。花粉粒外壁纹饰为不规则云片状隆起，隆起上遍布形状不规则小孔和乳突。经测定青杨花粉的直径在 3 个海拔间无显著差异。

第 8 章　青杨雌雄植株树轮生长特性研究

由于树轮生长特性与气候环境的关系紧密，近年来利用树轮生长特性来探究气候变化历史并预测气候变化对陆地生态系统影响已经成为研究热点。本章通过以青杨雌雄植株作为研究对象，探讨不同海拔下性别水平上植物对气候环境的相应差异，可以弥补雌雄异株植物在该领域研究的不足，也可进一步揭示气候变化对雌雄植株树木径向和密度生长的影响，对预测该类植物对气候变化的敏感性和未来种群的发展趋势具有重要意义。

8.1　树轮生长特征与气候变化研究进展

早在 16 世纪初，意大利科学家 Davinci 就发现树轮的生长与周围环境有着密切关系。20 世 30 年代，美国天文学家 Douglass 系统论述了交叉定年等诸多方面的树轮学理论，使树轮学（Dendrochronology）真正成为一门学科（Douglass，1920）。由于树木年轮不仅记录了树木自身的年龄，同时也记录着树木生长过程中所经历的气候和环境变化过程（Fritts，1976；吴祥定，1990）。因此，有关树轮生长特性对气候响应的研究愈来愈多（Buckley et al.，1997；Grudd，2008）。已有研究表明夏季较高温度有利于树木生长，6 月、7 月的树木径向生长与降水也呈显著正相关关系（Nowacki and Abrams，1997；刘录三等，2006）。树轮信息不仅可以记录降水量等常规气候信息，还能反映一些异常气候现象如小冰期、厄尔尼诺、寒潮等（Büntgen et al.，2011；Zhang and Qiu，2007）。如 Li 等（2011）通过对太平洋沿岸 2200 多棵古树的树轮研究发现，当美国西南部受厄尔尼诺现象影响时，该年份的树轮会较宽，阿根廷、印度尼西亚等地区的树轮会较窄，以此推断过去厄尔尼诺现象出现时期。此外，通过树轮生长的研究能够更为长时间地了解全球的气候变化规律。

外界气候变化的影响，导致树木年轮中材质不一，细胞直径和细胞壁厚度有明显差异，从而造成年轮密度在年内与年间发生变化。如年轮密度值增加速率和树轮径向生长速率呈显著负相关（Debell et al.，2004）。鉴于树轮密度与温度变化之间良好的响应关系，尤其是最大晚材密度与夏季温度变化的关系，树轮气候学家已成功地应用树轮密度分析或结合树轮宽度指标来研究树轮生长与周围环境之间的关系（魏本勇和方修琦，2008）。一些研究表明年轮最大密度与夏季温度变化呈显著正相关关系（Wang et al.，2010；Wilson and Luckman，2003；Buntgen et al.，2006）。年轮密度作为树轮细胞直径及木质部细胞壁厚度和细胞腔大小等结构的间接反映，包含了从树轮宽度中无法提取到的环境信息（杨银科等，2007）。Grudd（2008）通过对瑞典北部欧洲赤松（*Pinus sylvestris*）年轮样本进行分析，发现年轮最大密度要比树轮宽度对温度的响应更具敏感性，年轮最大密度年表记录了该地过去 1500 年内的夏季温度变化情况，显示在公元 8 世纪中期、11 世纪、15 世纪这几个时段分别出现了不同程度的暖期即"中世纪的暖期"（Medieval Warm Period）。此外，年轮密度值的高低不仅受温度影响，还与生长季的长短有关（王丽丽等，2005）。

近年来，树轮生长特性相关的研究取得了较大进展，但有关雌雄异株植物树轮生长差异的研究甚少。以往对雌雄异株植物的研究侧重于雌雄之间性比、形态、生理等方面的差异（Grant and Mitton，1979；Dawson and Bliss，1989；Chen et al.，2010），但树轮生长上的差异却很少被人们关注（主要见于 Delph，1990；Obeso et al.，1998；Rovere et al.，2003；Gao et al.，2010）。Cedro 和 Iszkulo（2011）通过对欧洲紫杉（*Taxus baccata*）雌雄个体树轮生长特性的研究，发现由于受到雌雄繁殖投入差异的影响，性成熟后雄株径向生长的平均宽度要大于雌株。张春雨等（2009）通过对长白山东北红豆杉（*Taxus cuspidata*）的调查，发现性别对树木的径向生长影响显著，并且雌雄植株径向生长对气候因子的响应也存在差异。

目前关于树轮生长特性差异的研究证实了植株年轮对外界环境的适应机制，但有关雌雄异株植物中雌、雄植株间树轮生长特性对气候变化的响应是否存在差异还知之甚少。鉴于树轮密度生长对气候变化具有一定的敏感性（Wilson and Luckman，2003），我们推测未来气候变化对雌雄植株的树轮密度生长会产生影响。为验证这一猜测，我们通过"空间代替时间"的手段，利用树轮生态学的研究方法，以小五台山青杨天然种群为研究对象开展不同海拔上青杨雌雄植株树轮生长特性的研究。

8.2　同一海拔下的青杨树轮生长特性

8.2.1　树轮生长特性研究方法

8.2.1.1　采样地点

采样点选择海拔 1570～1650 m 区域生长茂盛的青杨纯林种群，郁闭度为 0.8～0.9，土壤类型为山地棕壤，土层发育良好，有机质含量丰富。这是因为该海拔段为青杨的最适分布区，青杨种群内部竞争压力小，受极端环境的干扰较少，能够反映青杨在正常环境条件下的生长状况。样本采集于 2012 年 5 月（青杨种群处于盛花期）进行。所采集的青杨植株胸径范围为（150±20）cm，样树立地坡度均在 3°±1°范围内，雌雄植株通过花形态差异予以辨识。采样时利用内径 10 mm 的生长锥（CO500，瑞典）在植株胸径距离地面 1.3 m 处与坡向平行方向钻取树芯，直至髓芯处即可。每棵树钻取 1 根完整样芯，雌雄各取 20 棵树，共 40 根完整的树轮样芯。

8.2.1.2　室内测定

树轮密度样本的处理参照 Holmes（1983），在样芯进行密度分析前先进行预处理。使用 80℃的蒸馏水经 48 h 水浴去除样芯中所含杂质及树液等影响密度的成分，随后将样芯固定在样槽上自然风干以防变形，然后用白乳胶粘合固定在合适的样槽上待自然风干后用 Dendrocut（Dendrocut twin-bladed saw，瑞士）双片轮锯根据树木纤维倾斜的角度进行切片，并将切片按照标记放到样本框中待测。

分析时将样芯框放入扫描仪（ScanMaker1000XL，中国）进行扫描，然后把样芯框放入 Itrax Multiscanner 多用途 X 光扫描分析仪（Itrax Multi Scanner，瑞典），根据扫描好的图片建立 X 光扫描路径，利用 X 光荧光特性和 X 光照相技术获得高精度 X 光扫描灰度图。利用 WinDENDRO^{TM} 年轮分析仪（WinDENDRO 2009c，加拿大）对 X 光扫描图片进行分析并建立路径，得到年轮最大密度（MXD）、晚材平均密度（LWD）、早材平均密度（EWD）、年轮最小密度（MID）、树轮宽度（ARW）、早材宽度（EWW）和晚材宽度（LWW）共 7 种指标。

8.2.1.3　交叉定年

鉴于青杨系落叶阔叶树种，生长速度快，生命周期较短（不同于年龄长达上百年的杉、柏类树种），其树轮生长易受微环境和自身生长特性的影响，可能会导致 COFECHA 程序（Holmes，1983）在输出的交叉定年检验结果中序列与主序列的相关系数值偏低，可信度下降。因此，参考 Cook 和 Kairiukstis（1990）及邵雪梅和方修琦（2003）的方法，主要通过对比不同样芯中的实际年轮记录并把握特征年的方式进行定年，适当借助 COFECHA 程序的交叉定年检验结果，对提示有错误的序列进行重新定年和测量，消除测量中的主观错误和误差，得到所测量样芯每一年的准确宽度值。然后参照树轮宽度的定年结果，对应相同年份的密度数据进行交叉定年，对于密度值异常偏高的年份，检查所建路径上是否含有杂质，经过多次检查校正并确认无误后，最终准确获取每根样芯每一年的 MXD、LWD、EWD、MID、ARW、EWW 和 LWW 共 7 种树轮指标。

8.2.1.4　年表的建立

年表建立通过 ARSTAN 程序（Cook and Kairiukstis，1990）来完成。由于采集的青杨样本年龄较短，且生长速度快，树木自身生长因素的干扰占有很大比例，考虑到差值年表年去除了与年龄增长相关的生长趋势，还能消除树木个体生长特性对后期生长造成的持续影响（吴祥定，1990），所以我们选用包含低频气候信息较多的差值年表来进行气候相关性分析。雌雄植株年表公共区间分析选取 1982～2011 年（表 8-1）。经过不同方法去趋势的比较，发现选用样本长度 50%步长的样条函数去趋势处理能够较好地拟合树轮的生长趋势，更适用于进一步的分析研究。考虑到雌雄样本量的因素，我们选取青杨雌雄植株样本量都达到 20 株的时段（1982～2011 年）进行分析。

表 8-1　青杨雌雄植株样芯的描述性统计

Table 8-1　Descriptive statistics for tree ring samples of female and male *P. cathayana*

性别 Sex	年表长度 Chronology duration	时间长度 Time span/年	植株数 No. of samples trees	样本量 Sample size	共同区间 Common interval time span	共同区间样本数 No. of samples in common interval time span
雌株 Female	A.D. 1961～ 2011	51	20	20	A.D. 1982～2011	20
雄株 Male	A.D. 1954～ 2011	58	20	20	A.D. 1982～2011	20

8.2.2　雌雄植株树轮生长特性

在过去 30 年（1982～2011 年）的生长过程中，青杨雌雄植株在年轮宽度（径向生长）上无显著差异（图 8-1）。年轮密度方面，青杨雌雄植株在早材平均密度上差异不显著，但雌株的晚材平均密度和年轮最大密度均大于雄株（$P<0.05$）。晚材平均密度和年轮最大密度主要出现在生长季末期，这说明青杨雌雄植株间年轮密度的密度变化在生长季末期差异显著。

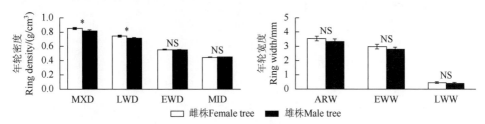

图 8-1　青杨雌株和雄株在 1982～2011 年主要年轮特征（黄科朝等，2014）

Fig. 8-1　Differences on growth ring feature of female and male *P. cathayana* trees during 1982～2011 years

注：MXD. maximum ring density，年轮最大密度；LWD. latewood mean density，晚材平均密度；EWD. earlywood mean density，早材平均密度；MID. minimum ring density，年轮最小密度；ARW. annual ring width，树轮宽度；EWW. earlywood width，早材宽度；LWW. latewood width，晚材宽度。平均值±标准误差。雌、雄植株间年轮性状的差异用独立样本 t 检验；NS. 差异不显著；*，$P<0.05$。Mean±SE. The difference on growth ring feature between males and females according to t-test；NS, non significance；*，$P<0.05$，NS. no significance

　　目前关于雌雄异株植物径向生长的研究并不多见，从张春雨等（2009）关于东北红豆杉及 Cedro 和 Iszkuło（2011）关于欧洲紫杉（*Taxus baccata*）的研究结果来看，雄株径向生长普遍高于雌株。然而，我们的研究却发现青杨雌雄植株在径向生长上的变化基本一致，不存在显著差异，这和前人的结论并不完全吻合。这种差异一方面可能与研究的物种不同有关，另一方面也可能与植株所处的生长环境相关。根据 Fritts（1976）和吴祥定（1990）的观点，植株在树轮生长（径向或密度）方面的差异取决于所处的生长环境和植株对环境的适应能力。由于青杨属于水濒植物，在保护区内主要沿溪流沟谷分布，土壤水分充分，年降水量的小幅变化还不足以对其径向生长起到限制作用。与此同时，已有的研究发现水分充足且温度较高的环境更有利于青杨雌株的生长（吴祥定，1990）。考虑到该地区近 30 年的年平均气温呈逐渐变暖的趋势（图 3-1），这种温暖湿润的环境可能促进了雌株的生长，并减少了与雄株间在径向生长上的差异，进而导致雌雄植株在径向生长方面差异并不显著。

　　然而，青杨雌雄植株在年轮密度生长上存在显著差异。一些研究表明，年轮密度值的高低往往与周围环境的温度变化有着密切关系（Buntgen et al.，2006；Chen et al.，2012）。小五台山地区 30 年来年平均气温的明显升高（图 3-1），可能会诱发树轮晚材生长的临界温度提前到来（Larcher，1995），使得青杨从早材生长转为晚材生长的物候期提前，并且夏季高温而湿润的环境对雌株的生长更为有利（Xu et al.，2008b）。由于雌株的繁殖投入明显高于雄株（Cipollini and Whigham，1994；Doust and Doust，1988），因此我们推测，高繁殖成本投入的雌株为了下一年繁殖活动的顺利进行，在生长季末期会采取提前减缓径向生长、加厚细胞壁、增大密度的生态策略来减少资源消耗。

8.2.3　年轮最大密度和树轮宽度差值年表

　　从图 8-2 中可见，青杨雌雄植株差值年表在特征年中的高频波动变化具有较好的一致性，雌雄年表之间含有较多共同波动信号，特别是在 1980 年以后，雌雄宽度年表在特征年的波动变化基本一致。但是，雌雄植株年表的变化趋势也存在一定差异，特别是青杨雄株年轮最大密度差值年表在特征年的波动幅度明显大于雌株，这反映出在年轮最大密度上，雄株对于外界环境变暖的响应比雌株更为敏感。

8.2.4　树轮差值年表

　　平均敏感度反映年轮密度或宽度逐年变化的情况，主要代表气候的短周期变化或高频变化，其值越高表明年表序列中所含的环境信号越多；一阶自相关系数

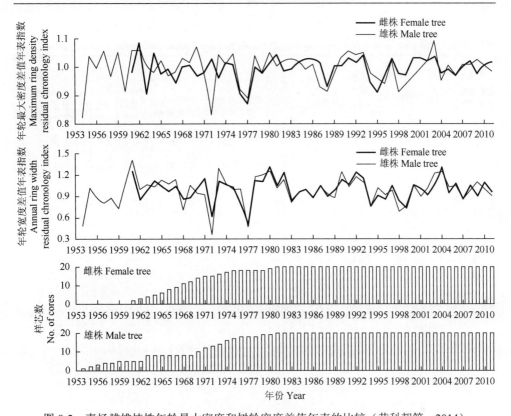

图 8-2　青杨雌雄植株年轮最大密度和树轮宽度差值年表的比较（黄科朝等，2014）

Fig. 8-2　Comparisons of maximum ring density and annual ring width residual chronology between female and male *P. cathayana* trees

反映了上一年气候状况对当年树轮生长的影响；样芯间平均相关系数可用于衡量各样本树轮密度或宽度数据的同步性和相似性；信噪比反映气候信号与非气候因素之间的噪声之比；群体表达信号的高低反映了所建年表能够代表整个群体的程度；第一主成分解释方差量主要反映了各样本中共同的波动信号量。

　　青杨雄株密度年表和宽度差值年表的平均敏感度和信噪比均高于雌株，说明青杨雄株对气候变暖的敏感度高于雌株（表 8-2，图 8-2）。雄株年轮最大密度差值年表的标准偏差、平均敏感度、共同区间分析中的信噪比、群体表达信号和第一主成分解释方差量在所有密度年表中都达到了最大值，表明雄株年轮最大密度对于气候变暖最具敏感性。雄株树轮宽度和早材宽度的样芯间平均相关系数、信噪比和样本总代表性都比较高，特别是树轮宽度年表基本统计值在所有年表中都最高，反映出雄株宽度差值年表比其他几个指标的差值年表更具有代表性。

表 8-2　青杨雌雄植株树轮差值年表的统计值（黄科朝等，2014）

Table 8-2　Statistics of tree ring residual chronologies for female and male *P. cathayana* trees

年轮性状 Growth ring trait	性别 Sex	标准 偏差 SD	平均敏 感度 MS	一阶自 相关 OR1	共同区间分析 Common interval analysis			
					样芯间平均 相关系数 *R*	信噪比 SNR	群体表达 信号 EPS	第一主成分解释方 差量 PCI/%
MXD	雌株 Female	0.041	0.047	−0.118	0.068	1.381	0.580	31.0
	雄株 Male	0.055	0.057	−0.053	0.114	2.443	0.710	34.8
LWD	雌株 Female	0.037	0.040	0.005	0.031	0.378	0.607	22.1
	雄株 Male	0.048	0.053	−0.121	0.062	1.246	0.555	16.5
EWD	雌株 Female	0.027	0.027	−0.006	0.062	1.266	0.559	29.2
	雄株 Male	0.040	0.043	−0.095	0.081	1.680	0.627	34.3
MID	雌株 Female	0.025	0.028	−0.129	0.015	0.296	0.229	41.6
	雄株 Male	0.038	0.042	−0.146	0.080	1.648	0.622	32.2
ARW	雌株 Female	0.166	0.214	−0.138	0.248	6.270	0.862	33.3
	雄株 Male	0.200	0.031	−0.013	0.325	10.861	0.916	54.7
EWW	雌株 Female	0.182	0.219	−0.059	0.132	2.877	0.742	25.2
	雄株 Male	0.235	0.254	−0.008	0.187	4.364	0.814	25.4
LWW	雌株 Female	0.211	0.264	−0.152	0.198	4.706	0.825	48.4
	雄株 Male	0.244	0.275	−0.031	0.244	6.144	0.860	53.3

注：年轮性状缩写同图 8-1。The symbol of growth ring trait as in Fig. 8-1

8.2.5　树轮各变量差值年表与气候因子

从图 8-3 中可以看出，雌株的年轮最大密度与 8 月的月平均最高气温呈正相关，雄株则与 4 月的月平均最高气温呈负相关；雌株的晚材平均密度与当年 3 月降水量呈正相关，而雄株与 4 月的月平均最高气温呈显著负相关；雌株的早材平均密度与气候因子关系不大，而雄株与前一年 12 月的降水量呈显著正相关；此外，雌株的树轮宽度与前一年 10 月的月平均气温呈显著负相关，而雄株则与前一年 10 月的月平均最高气温呈显著负相关；雌株的晚材宽度与当年 2 月的月平均最低气温呈显著正相关，而雄株与当年 6 月的月平均最高气温呈显著负相关；雌雄植株的早材宽度均与前一年 10 月的月平均最高气温呈显著负相关（表 8-3）。

表 8-3　青杨雌雄植株树轮宽度与密度的差值年表与气候因子的相关关系（黄科朝等，2014）

Table 8-3　Correlations of tree-ring width and density residual chronology with climate variables in female and male *P. cathayana* trees

性别 Sex	气象要素 Meteorological variables	月份 Month	MXD	LWD	EWD	MID	ARW	EWW	LWW
雌株 Female	月平均气温 Monthly mean air temperature	P-Oct.	−0.145	−0.043	0.012	0.143	−0.499*	−0.491*	−0.014
		P-Nov.	−0.170	−0.074	−0.122	−0.054	−0.382*	−0.413*	−0.069
		Jan.	−0.261	−0.198	−0.214	−0.028	−0.308	−0.336*	0.075
		Feb.	−0.002	0.082	−0.131	−0.223	0.074	0.028	0.324
		June	−0.012	−0.064	−0.051	0.181	−0.426*	−0.400*	0.074
	月平均最高气温 Mean monthly maximum air temperature	P-Oct.	−0.143	−0.099	0.091	0.236	−0.488*	−0.496*	−0.055
		P-Nov.	−0.111	−0.227	−0.091	−0.042	−0.378	−0.417*	−0.021
		Jan.	−0.340*	−0.137	−0.155	0.127	−0.422*	−0.449*	−0.305
		June	−0.051	0.117	0.015	0.227	−0.374*	−0.353*	−0.089
		Aug.	0.348*	0.073	0.045	0.005	−0.269	0.374*	−0.292
	月平均最低气温 Mean monthly minimum air temperature	P-Oct.	−0.053	0.012	−0.054	0.009	−0.349*	−0.307	0.083
		Feb.	0.009	0.076	−0.125	−0.185	0.065	0.032	0.374*
		Mar.	0.115	0.190	0.033	−0.074	0.166	0.146	0.297*
	月降水量 Monthly precipitation	P-Dec.	0.325*	0.240	0.202	0.121	0.184	0.096	0.036
		Jan.	0.163	0.241	0.268	0.026	0.350*	0.324	0.266
		Feb.	−0.063	−0.134	0.010	0.288*	0.151	0.150	0.240
		Mar.	0.280*	0.276*	0.082	−0.090	0.065	0.006	0.141
雄株 Male	月平均气温 Monthly mean air temperature	P-Oct.	−0.103	−0.112	−0.147	−0.176	−0.408*	−0.400*	−0.125
		P-Nov.	−0.143	−0.204	−0.162	−0.293	−0.189	−0.255	0.093
		Jan.	−0.323*	−0.341*	−0.298	−0.020	−0.248	−0.239	−0.087
		Apr.	−0.350*	−0.369*	−0.197	0.042	−0.253	−0.237	−0.112
		June	−0.176	−0.174	−0.260	−0.116	−0.431*	−0.340*	−0.374*
	月平均最高气温 Mean monthly maximum air temperature	P-Oct.	−0.116	−0.132	−0.176	−0.248	−0.461*	−0.458*	−0.145
		Jan.	−0.235	−0.253	−0.161	0.099	−0.310*	−0.290	−0.189
		Apr.	−0.429*	−0.447*	−0.222	0.062	−0.260	−0.233	−0.138
		June	−0.193	−0.184	−0.249	−0.117	−0.431*	−0.339*	−0.396*
		Aug.	0.266	0.170	0.062	0.003	−0.235	−0.295	0.076
	月平均最低气温 Mean monthly minimum air temperature	P-Oct.	−0.024	−0.009	−0.062	−0.008	−0.212	−0.201	−0.090
		Jan.	−0.293*	−0.217	−0.285*	−0.049	−0.179	−0.176	−0.036
		Mar.	0.122	0.223	0.105	−0.010	0.200	0.141	0.332*
		P-Dec.	0.251	0.166	0.405*	0.289	0.342*	0.323*	0.216
	月降水量 Monthly precipitation	Jan.	0.244	0.255	0.336*	−0.028	0.328*	0.278	0.313
		Feb.	−0.209	−0.157	−0.134	0.088	0.052	0.118	0.000
		Mar.	0.194	0.172	0.029	−0.323*	0.078	0.015	0.287*

注：P−，前一年的月份；*，P<0.05；年轮性状缩写同图 8-1。P−，month of previous year；*，P<0.05；The symbol of growth ring trait as in Fig. 8-1

由表 8-3 中可以看出，影响青杨雌雄植株的年轮密度和宽度生长的主要气候因子及其作用的时间季节和效果并不一致。4 月的月平均最高气温对雄株的年轮最大密度和晚材平均密度的影响最大，而 8 月的月平均最高气温和 3 月的降水量分别是影响雌株年轮最大密度和晚材平均密度的最大因子；雄株的树轮宽度主要取决于冬季的月平均最高气温，而雌株的年轮宽度取决于冬季的月平均气温。因此可知，青杨雌雄植株的树轮生长对气候变化的响应并不一致。

另外，雌雄植株年轮密度年表对温度响应的月份也不同。其中，青杨雄株的年轮最大密度和晚材平均密度与冬季（1 月）和初春（4 月）的月平均气温呈显著负相关。前人的研究认为，这可能是由于前一年冬季的气温通过树木的营养储备等间接影响到下一年的树木生长（Kagawa et al.，2006；Fang et al.，2012）。通过野外观察，我们发现青杨雌株在春季比雄株更早开始萌动。根据 Hänninen（1995）的观点，冬季低温有利于打破芽的休眠，率先萌发的雌株可能在种群内的养分竞争中占据优势（Fukai，1999），而随后萌动的雄株在养分竞争中处于劣势，使得生长季节后期的形成层活动减弱，径向生长减缓，密度增大。此外，Li 等（2004）的研究也表明，在低温胁迫环境下，雄株对于过低温度的反应比雌株敏感，低温会导致雄株体内脱落酸含量明显增多，植物体内含有过多的脱落酸会造成雄株来年的落叶期提前（谭志一等，1985），光合作用减弱，导致雄株径向生长减缓，细胞壁开始加厚，晚材密度增大。

另外，研究发现青杨雌株的年轮最大密度与当年 8 月的月平均最高气温显著正相关（表 8-3）。该结果与中纬度地区部分树轮密度对夏季温度的响应一致（谭志一等，1985；Duan et al.，2010）。王丽丽等（2005）认为这是由于 8 月已经接近生长季末期，细胞的分裂与伸长已经基本完成，新叶已发育成熟，进入光合产物累积的阶段，树木的生长主要体现在晚材木质细胞壁的加厚上。并且已有的研究也表明湿润且温暖的环境更有利于雌株的生长发育和光合能力的提高（Xu et al.，2010a；Jones et al.，1999）。考虑到 8 月是全年气温较高的月，故 8 月的高温有利于促进雌株细胞壁的不断加厚，进而导致雌株的年轮最大密度与 8 月平均最高气温显著正相关。

尽管温度或降水对树轮宽度生长的影响一般表现为与当年的树木生长相适应，但也存在"滞后效应"（Mäkinen et al.，2001）。我们的数据表明，青杨树轮宽度普遍与生长季前秋季（前一年 10 月）的月平均气温和月平均最高气温呈显著负相关关系。秋季气温的迅速降低有利于植物尽快进入休眠状态，为下一年的生长储备营养。小五台山地区 10 月气温迅速降低到 8.7℃，会促使青杨很快进入休眠状态并为来年储备营养。与此同时，秋季的低温可能有利于增加积雪，为下一年春季青杨早材的生长提供充足的水分。本研究结果中，青杨雌雄植株的树轮宽度与冬季（当年 1 月）的降水（雪）量呈正相关，也间接地说明冬季低温固定降雪对于青杨生长的重要性（表 8-3）。此外，Hänninen（1995）认为冬季合适的临界低温有利于植物春季打破芽的休眠，促进春季物候正常发生。张福春（1995）对华北地区的物候研究也证明了冬季过高的温度不利于冬季芽的休眠。本研究发现的青杨树轮宽度与上年秋季平均气温的显著负相关关系也证实了上述观点。

此外，Oberhuber 等（1998）认为生长季的高温容易加快土壤蒸发失水，从而限制树木的生理代谢活动，不利于树木的径向生长。我们的研究结果也证实了青杨雌雄植株的树轮宽度与当年 6 月的月平均最高气温呈显著负相关，特别是对于雌雄植株早材生长的限制作用尤为明显。其原因可能是 6 月该区域青杨新叶已经完全展开，此时植物正处于早材生长的高峰期（Fritts，1976）。随着 6 月气温的迅速上升，过高的温度会导致植物的蒸腾速率加快，气孔关闭，CO_2 吸收减弱，光合速率下降（潘瑞炽，2008），进而抑制青杨树轮的径向生长。

8.3　高低海拔间雌雄植株径向生长特性

由于海拔的升高导致温度的迅速降低，气候因子沿海拔梯度的变化要比沿纬度梯度快 1000 倍以上，使得山地植被在小幅度内对气候变化非常敏感（Diaz et al.，2003）。因此，学者用"空间代替时间"的方法，研究树轮生长特性对气候变化的响应。如孙毓等（2010）对不同地区落叶松属（*Larix*）的树木年轮生长特性及对气候变化的响应研究，发现春季温度对树木年轮生长有显著影响，但降水并未成为其限制因子，海拔是影响落叶松树轮对气候因子响应的重要因素。Zhang 等（2012）对山西芦芽山白扦（*Picea meyeri*）在海拔梯度上径向生长和气候响应的分析结果表明，低海拔（1970 m）白扦的径向生长对于气候的敏感性要高于高海拔（2650 m）地区，中间海拔（2100～2500 m）的气候条件可能更有利于白扦的生长。此外，Zhang 等（2004）通过对从低到高海拔的花旗松（*Pseudotsuga menziesii*）树轮的研究表明，生长季节的温度对高海拔花旗松树轮的径向生长影响更加明显。

已有研究发现：海拔的差异导致适宜植物生长的有效积温产生了相应的变化，因而影响了树木的树轮随海拔的生长特性。如 Rossi 等（2008）发现随着海拔的升高，欧洲云杉（*Picea abies*）生长期逐渐缩短，在海拔分布上界（2156 m）甚至只有 110 天。Reiners 等（1984）的研究也表明北美高山植物最冷月气温、夏季均温、生长季时段与海拔之间存在显著的负相关。此外，研究发现低海拔生长的树木受温度和降水的影响均比高海拔更显著（彭剑峰等，2007），其中温度对树木的生长起主要限制作用，但限制作用从低海拔到高海拔逐渐减弱（杨涛等，2010）。

上述研究表明海拔高低会影响树木的树轮生长特性，并且在不同海拔上其影响程度不同。但这些研究仅限于雌雄同株植物，目前对雌雄异株的相关研究仍属空白。因此，本节在小五台山选择高、低两个海拔探讨不同海拔是否对青杨雌雄植株的径向生长特性产生不同影响。研究结果一方面可以弥补前人研究的空白，另一方面可以为雌雄植株对气候变化的响应机制的研究奠定基础。

为此，试验于 2012 年 5 月初（青杨的盛花期）进行，分别在青杨分布的两个上下限海拔——高海拔（1750 m）和低海拔（1450 m）上，各选取 35 棵雌树和雄树，使用口径为 4.5 mm 的生长锥钻取树芯。每棵树采集一棵芯共得到 35 根树轮样芯。每个采样点分别用字母表示为：1450 m 雌株（DF）、1450 m 雄株（DM）、1750 m 雌株（AF）、1750 m 雄株（AM）。

8.3.1 径向生长格局分析

通过高低海拔雌雄植株的原始宽度年表进行主成分分析后发现，第一主成分的贡献率占 84.763%，表明不同海拔影响树木径向生长的主导因子具有一致性，而其他主成分的贡献率都低于 10%，说明单个小生境因子的影响相对较小。高低海拔雌雄植株的成分 1 的载荷量都达到了 0.9 以上，也说明了雌雄植株的径向生长受共同环境因素的影响（表 8-4）。

表 8-4　小五台山高（1750 m）、低（1450 m）海拔青杨雌雄植株树轮宽度年表的主成分分析
Table 8-4　Principal components of total ring width chronologies in their common periods for *P. cathayana* at high（1750 m）-or low（1450 m）-elevation in Xiaowutai Mountains

主成分 Principal components	特征值 Eigenvalue	贡献率 Variance/%	累积贡献率 Cumulative/%	特征向量 Eigenvectors			
				DM	AM	AF	DF
1	3.391	84.763	84.763	0.956	0.924	0.901	0.900
2	0.399	9.965	94.728	−0.207	0.269	0.347	−0.404
3	0.149	3.718	98.446	−0.083	−0.257	0.259	0.094
4	0.062	1.554	100.000	−0.189	0.087	−0.023	0.135

注：AF. 雌株（1750 m）；AM. 雄株（1750 m）；DF. 雌株（1450 m）；DM. 雄株（1450 m）。AF. Female（1750 m）；AM. Male（1750 m）；DF. Female（1450 m）；DM. Male（1450 m）

8.3.2 径向生长的变化

从图 8-3 中可以看出，青杨雌雄植株的径向生长曲线呈先增加后减少的倒"U"形的生长趋势，说明该地区的青杨种群总体完成了生长初期径向生长的积累期阶段。青杨雌雄植株原始宽度年表变化规律都具有很好的一致性，雌雄植株在特征年（1972 年、1977 年、1994 年、1998 年、2002 年和 2007 年）都出现了极窄轮。同时从雌雄植株年际的宽度变化也可以看出，雌株在高海

拔的年际宽窄变化幅度明显大于雄株，这说明雌株在高海拔的径向生长受周围环境的影响比雄株更为明显。而在低海拔区域，雌雄植株在生长的开始阶段具有明显的差异，雄株径向生长高于雌株，但是这种差异随着年龄的增长不断缩小。此外，研究还发现青杨种群在低海拔的径向生长显著优于高海拔（$F=12.300$，$P=0.001$）。

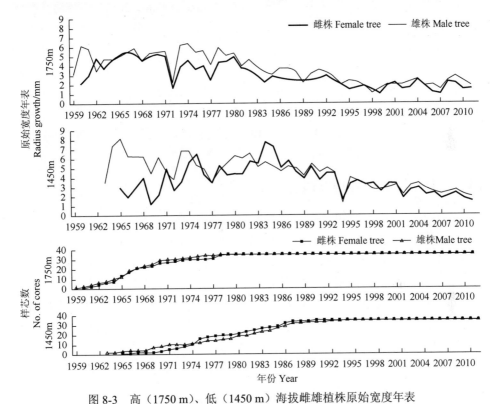

图 8-3　高（1750 m）、低（1450 m）海拔雌雄植株原始宽度年表

Fig. 8-3　Raw chronology of *P. cathayana* at high（1750 m）-or low（1450 m）-elevation in Xiaowutai Mountains

从图 8-3 中还可以看出，在高海拔低温的环境条件下，雄株的径向生长在大部分时段都略高于雌株（$F=5.812$，$P=0.018$），但这种差异在过去 30 年（1982～2011 年）间并不明显（$F=2.912$，$P=0.093$）。在低海拔，青杨雌雄植株在径向生长上并未存在明显的差异（$F=0.548$，$P=0.462$）。此外，高低海拔和性别之间对于青杨种群的交互作用并未表现出明显的差异（$F=0.017$，$P=0.895$），该结果与中间海拔雌雄植株近 30 年的树轮研究结果具有一定的一致性。

由于高低海拔上土壤主要矿物成分（N、P、K）、pH 和有机质含量并未存在显著的差异（表 3-1），并且本实验采样所选择的青杨植株径级大小、立地条件都比较一致，因此可以排除气候分析过程中微环境的干扰因素。本研究发现青杨种群在低海拔的生长要优于高海拔种群（图 8-3）。这主要是因为低海拔区域的温度要高于高海拔地区，由于有效积温的限制，低海拔种群的生长期比高海拔要长，导致青杨种群在低海拔的径向生长显著高于高海拔种群。一些研究表明，在胁迫环境下，青杨雄株的生长要优于雌株（Chen et al.，2010），雌雄植株之间径向生长的差异主要是雌雄植株繁殖投入的差异导致（Cedro and Iszkulo，2011）。本研究结果发现，在高海拔低温胁迫下，雄株的径向生长在大部分时期都略高于雌株（图 8-3），这与前人的研究结果类似。但这种差异在近 30 年表现得并不明显，可能是由于近 30 年当地气温的升高促进了雌株的生长。并且很多研究已经证明，相对于低海拔区域，高海拔区域的植被对于全球气候变暖更为敏感（Holtmeier and Broll，2005；Harsch et al.，2009）。此外，Xu 等（2010a）的研究已经发现增温对于青杨雌株的生长更为有利，所以高海拔区域近 30 年来的增温促进了青杨雌株的径向生长，进而导致该海拔下青杨雌雄植株之间径向生长差距在近 30 年逐步缩小。

8.3.3　宽度差值年表特征值分析

从表 8-5 中可以看出，青杨雌雄植株共同区间的信噪比都能达到 8 以上，而群体表达信号都超过 0.85，说明序列对气候的响应信号有很好的一致性，具有较高的参考价值。通过高低海拔之间雌雄植株差值年表统计值的比较可以发现，高海拔的敏感性普遍高于低海拔种群。特别是在信噪比、群体表达信号和一阶自相关这三个主要指标上，高海拔都普遍高于低海拔，这反映出青杨在高海拔区域的分布更趋向于受单一的主导因素影响，相对于低海拔种群对气候更具有敏感性。此外，高海拔雄株年轮宽度差值年表的所有统计值都高于其他年表，说明高海拔青杨雄株种群径向生长的一致性最好，对气候的敏感性最高。

表 8-5　高（1750 m）、低（1450 m）海拔青杨雌雄植株树轮差值年表的统计值

Table 8-5　Statistics of tree ring residual chronologies for female and male *P. cathayana* at high（1750 m）-or low（1450 m）-elevation

海拔 Altitude	性别 Sex	标准偏差 SD	平均敏感度 MS	一阶自相关 OR1	共同区间分析 Common interval analysis			
					样芯间平均相关系数 R	信噪比 SNR	群体表达信号 EPS	第一主成分解释方差量 PCI/%
1750 m	雌株 Female	0.191	0.207	0.030	0.238	10.928	0.916	0.296
	雄株 Male	0.186	0.211	0.042	0.350	18.829	0.950	0.398
1450 m	雌株 Female	0.208	0.257	−0.372	0.264	8.960	0.900	0.315
	雄株 Male	0.169	0.212	−0.213	0.277	8.028	0.889	0.324

8.3.4　温度对植株径向生长的影响

从高低海拔青杨雌雄植株年轮宽度差值年表与温度的响应关系来看（图 8-4），温度因子对高低海拔区域的青杨生长主要起到负相关的作用，这说明该区域的温度升高对青杨植株的生长具有抑制作用。在高海拔区域，前一年秋季（前一年 10 月、11 月）温度对雌株树轮生长起到了显著的限制作用（图 8-4）。这主要是由于秋季过高的温度不利于植物迅速进入休眠状态（Hänninen，1995），进而会影响到植物来年的径向生长。此外，雄株与生长季 6 月的温度显著负相关，这与我们在中间海拔段青杨雄株对气候响应的研究结果是一致的。一方面，主要是因为青杨雄株到了 6 月早已过了花期，新叶已经完全展开，资源投入主要是用于径向生长，而此时降水尚未达到一年中的最大值，过高的温度会加速植物的蒸腾作用；另一方面，通过野外观察发现，由于温度条件的限制，高海拔

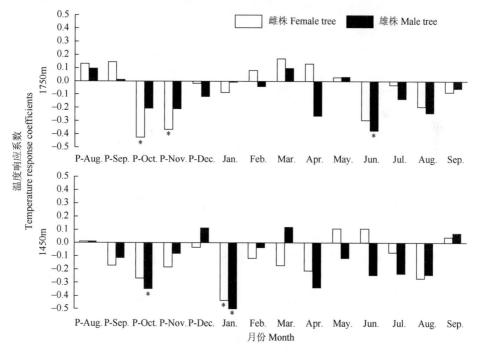

图 8-4　高（1750 m）、低（1450 m）海拔青杨雌雄植株树轮宽度差值年表与月
平均温度的响应关系

Fig. 8-4　Correlation coefficients between the tree-ring width residual chronology and Monthly mean air temperature in female and male *P. cathayana* trees at high（1750 m）-or low（1450 m）-elevation

雌、雄植株间温度响应系数的差异用独立样本 *t* 检验；*，*P*<0.05。The difference on temperature responses coefficients between males and females according to *t*-test；*，*P*<0.05

区域青杨种群的物候期比低海拔区域要晚，6 月正好处于高海拔青杨雌株的落果期，雌株的资源投入侧重于繁殖投入而不是径向生长。上述原因导致 6 月温度对于高海拔区域的雄株径向生长的限制作用更加明显。

在低海拔区域，青杨雌雄植株的树轮宽度与当年 1 月的温度呈显著负相关（图 8-4）。这是因为冬季合适的临界低温有利于植物在春季打破芽的休眠，促进春季物候正常发生（Hänninen，1995）。一些研究也证明了冬季过高的温度不利于冬季芽的休眠（张福春，1995；陈效逑和张福春，2001）。考虑到相对于高海拔，低海拔区域的暖冬会加速植物的蒸腾，对植物来年的生长造成影响，本研究发现青杨树轮宽度与冬季 1 月气温的显著负相关具有明确生理意义。此外，当年 8 月的温度对青杨雌株的生长起到了显著的限制作用（图 8-4）。其原因可能是 8 月处于生长季的末期，考虑到雌株要为下一生长季的繁殖投入储备能量，低海拔区域过高的温度会加速植物叶片的蒸腾，过度地消耗能量不利于青杨的径向生长，进而导致过高的温度可能限制雌株的生长。

总之，通过主成分分析，我们推测温度可能是影响高低海拔青杨雌雄植株径向生长出现差异的主导因素。

8.3.5　降水对植株径向生长的影响

从图 8-5 中可以看出，高海拔区域的青杨雌雄植株宽度差值年表与降水并不存在显著的相关性，表明降水对高海拔区域的青杨生长没有明显的限制作用。这是因为随着小五台山地区海拔的降低，降水明显减少（李霄峰等，2012a，2012b），植被类型也越趋向于干旱植被群落（刘增力等，2004）。这表明高海拔地区的降水比低海拔更为充沛，降水不是影响青杨种群在高海拔生长的限制性因子。

然而，生长季前的降水对低海拔青杨种群的生长起着关键性的作用。低海拔上，青杨雄株与当年 1 月的降水（降雪）之间，雌株与当年 2 月、4 月的降水之间均呈显著正相关关系。结果表明相对于高海拔，生长季前降水在一定程度上对青杨的径向生长具有限制作用。这主要是由于生长季前低海拔偏干的环境不利于植物的生长，冬春季节的降水能够为青杨在即将到来的生长季提供充足的水分，从而促进青杨的生长。

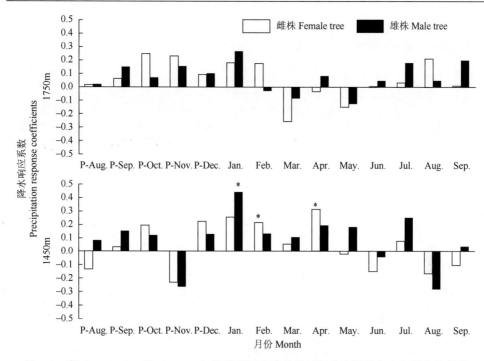

图 8-5　高（1750 m）、低（1450 m）海拔青杨雌雄植株树轮宽度差值年表与降水的关系

Fig. 8-5　Correlation between the tree-ring width residual chronology and Monthly precipitation in female and male *P. cathayana* trees at high（1750 m）-or low（1450 m）-elevation

标示同图 8-4。The symbol as in Fig. 8-4

8.4　树轮密度生长及其对气候响应的差异

通过前面的密度试验及相关文献（Fritts，1976；吴祥定，1990）查证，我们发现年轮最大密度（MID）和最小密度（MXD）对外界环境变化最为敏感，最能反映树轮密度的差异，因此本节选取年轮最大密度和最小密度两个主要指标进行密度分析。分别在高海拔（1750 m）和低海拔（1450 m）采集胸径在 130～170 cm 的青杨雌雄植株各 10 棵树，每棵树各采集 1 棵芯进行分析。交叉定年、年表的建立及样本与气候要素的相关分析参考 8.1.1 的研究方法。

8.4.1　树轮密度生长变化的对比

从图 8-6 中可以看出，高、低海拔之间的最大密度值差异不显著（F=0.428，P=0.514）。这是因为小五台山高、低海拔的极端环境并不是青杨的最佳生长环境。而雌雄植株在胁迫环境条件下，均易形成较高的年轮密度（吴祥定，1990），并且鉴于树轮最大密度对温度的敏感性（Duan et al.，2010），近几十年的气候变暖也可能会导致雌雄植株之间最大密度的差异逐步缩小。因而导致高低海拔青杨雌雄植株的最大密度值并不存在显著差异。

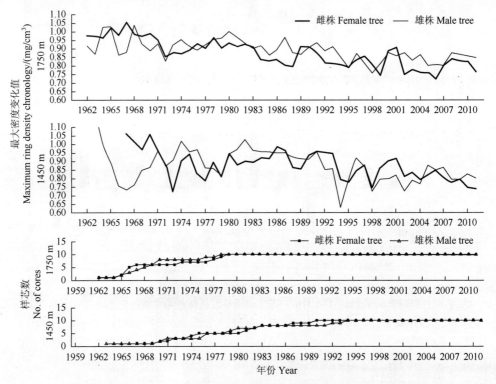

图 8-6　高（1750 m）、低（1450 m）海拔青杨雌雄植株最大密度变化值

Fig. 8-6　Maximum ring density chronology of *P. cathayana* at high（1750 m）-or

low（1450 m）-elevation in Xiaowutai Mountains

海拔和性别之间的交互作用也未存在显著差异（$F=0.799$，$P=0.372$）。低海拔上，青杨雌雄植株密度曲线的变化规律具有较好的一致性，在特征年（1978 年、1994 年、1998 年）都出现了低密度值。而高海拔上，雌雄植株密度曲线之间的差异性较多，一致性较少。

最小密度值在高低海拔区域存在明显差异，高海拔的最小密度值显著高于低海拔区域（$F=6.783$，$P=0.010$；图 8-7）。表明最小密度值主要出现在早材生长的春末夏初季节，已有的研究已经表明最小密度值越低，细胞壁越薄细胞宽度越大（Debell et al.，2004），树木生长的速度也就越快。另外，在前面的研究结果中我们发现低海拔的青杨种群的径向生长要优于高海拔种群，较高的径向生长可能意味着树轮拥有更低的密度，所以高海拔青杨种群的最小密度值高于低海拔种群是与其生长息息相关的。

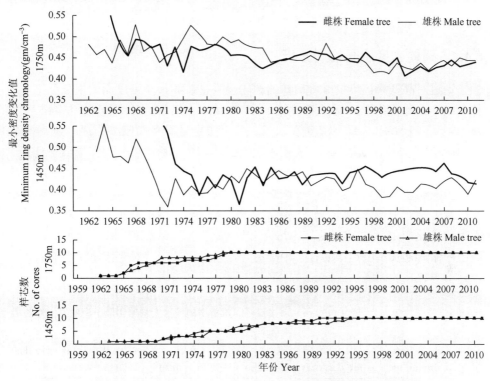

图 8-7　高（1750 m）、低（1450 m）海拔青杨雌雄植株最小密度变化值

Fig. 8-7　Minimum ring density chronology of *P. cathayana* at high（1750 m）-or

low（1450 m）-elevation

　　在雌、雄植株之间，高海拔区域雌雄植株的最小密度值并未存在显著差异（$F=0.191$，$P=0.663$）；而低海拔区域的雌株最小密度值显著高于雄株（$F=8.041$，$P=0.006$），海拔和性别之间的交互作用存在显著差异（$F=5.020$，$P=0.026$）。随着样本量的增加，雌雄植株最小密度的波动幅度趋于稳定，到 1980 年之后，雄株最小密度的波动幅度明显大于雌株，表明雄株在生长进入稳定期后，最小密度值的变化受外界环境的影响更加明显。这可能是由于在最小密度出现的春末夏初季节，青杨雌株的果实尚未完全成熟，其能量投入主要用于繁殖投入，而非宽度生长，很难形成较低的年轮最小密度。同时，低海拔干旱的胁迫环境对青杨雌株生长的限制作用更加明显，导致雌株早材的生长缓慢，无法形成更薄的细胞壁，所以导致雌株的最小密度值偏高。特别是随着后期样本量的增加，1982 年之后，雌株的最小密度值显著大于雄株的趋势更加明显（$F=22.653$，$P<0.001$）。此外，我们通过低海拔雌雄植株最小密度差值年表与降水的相关系数对比发现（图 8-17），雌株最小密度差值年表在生长季与降水的相关系数的绝对值普遍高于雌株，表明低海拔偏干的水分条件在一定程度上限制了雌株最小密度的变化。上述原因导致

低海拔青杨雌株的最小密度普遍高于雄株。

8.4.2　树轮密度生长格局分析

通过对高低海拔青杨雌雄植株的树轮最大密度和最小密度原始生长量年表进行主成分分析可以看出，最大密度第 1、第 2、第 3 主成分的贡献率分别占 44.539%、26.694%、21.509%。最小密度第 1、第 2、第 3 主成分的贡献率分别占 65.665%、15.581%、11.223%（表 8-6）。表明不同海拔影响树木密度生长的主导因子具有一定的差异，多个小生境因子的影响相对较大。高低两海拔青杨雌雄树轮密度的各成分的载荷量都不高，也说明了雌雄植株的密度生长受多种环境因素的影响。由于树轮密度对于外界环境的变化极为敏感，周围环境微小的变化都会对植物树轮密度的变化产生影响（Fritts，1976）。青杨属于生命周期短的濒水速生树种，不同于生命周期长达上百年的杉、柏类树种，自身生长趋势对于年轮密度值的影响也是不容忽视的因素。

表 8-6　高（1750 m）、低（1450 m）海拔青杨雌雄植株树轮最大密度和最小密度原始生长量年表的主成分分析

Table 8-6　Principal components of maximum-and minimum-ring density chronologies in their common periods for *P. cathayana* at high（1750 m）-or low（1450 m）-elevation

数据类型 Data type	主成分 Principal components	特征值 Eigenvalue	贡献率 Variance/%	累积贡献率 Cumulative/%	特征向量 Eigenvectors			
					DM	AM	AF	DF
MXD	1	1.782	44.539	44.539	0.910	0.441	−0.843	−0.221
	2	1.068	26.694	71.233	0.090	0.640	0.229	0.773
	3	0.860	21.509	92.741	−0.125	0.613	0.341	−0.594
	4	0.290	7.259	100.000	0.385	−0.144	0.348	−0.029
MID	1	2.627	65.665	65.665	0.709	0.836	0.859	0.830
	2	0.623	15.581	81.246	0.701	−0.164	−0.299	−0.125
	3	0.449	11.223	92.469	−0.026	−0.448	−0.023	0.497
	4	0.301	7.531	100.000	−0.075	0.271	−0.416	0.221

注：年轮性状缩写同图 8-1。The symbol of growth ring trait as in Fig. 8-1。AF. Female，雌株（1750 m）；AM. Male，雄株（1750 m）；DF. Female，雌株（1450 m）；DM. Male，雄株（1450 m）

8.4.3　树轮密度差值年表统计值的对比

从表 8-7 中可以看出，高低海拔青杨雌雄植株的密度差值年表统计值普遍不高，年表特征统计值中的信噪比、总体表达信号和第 1 主成分方差解释量等均

达不到一般树轮气候分析所要求的数值，说明雌雄植株在树轮密度生长上一致性较差，个体的变异较大。但本研究主要关注的不是个体之间对气候响应一致与否，而是气候变化对雌雄个体造成影响所导致的差异，从不同个体的不一致性中找出雌雄植株树轮生长的总体规律。结果发现高海拔青杨雌株的最大密度差值年表统计值普遍高于雄株，表明雌株最大密度值在高海拔地区对气候变化更为敏感，另一个侧面也反映出雄株最大密度对于高海拔的极端环境的抗逆性要优于雌株。而在低海拔，青杨雄株的信噪比、群体表达信号和一阶自相关等年表统计值普遍高于雌株，这反映出雄株在低海拔区域对于环境变化比雌株更为敏感。该统计结果总体上表明雌雄植株密度差值年表在不同海拔上对气候的敏感性存在一定的差异。

表 8-7　高（1750 m）、低（1450 m）海拔青杨雌雄植株年轮最大密度和最小密度差值年表的统计值

Table 8-7　Statistics of maximum and minimum-ring density residual chronologies for female and male *P. cathayana* at high（1750 m）-or low（1450 m）-elevation

数据类型 Data type	海拔 Altitude	性别 Sex	标准偏差 SD	平均敏感度 MS	一阶自相关 OR1	共同区间分析 Common interval analysis			
						样芯间平均相关系数 R	信噪比 SNR	群体表达信号 EPS	第一主成分解释方差量 PCI/%
MXD	1750 m	雌株 Female	0.048	0.051	0.082	0.134	1.549	0.608	0.270
		雄株 Male	0.036	0.039	0.042	0.035	0.364	0.267	0.215
	1450 m	雌株 Female	0.053	0.055	0.108	0.113	0.893	0.472	0.282
		雄株 Male	0.062	0.057	0.198	0.266	2.540	0.718	0.393
MID	1750 m	雌株 Female	0.028	0.024	0.231	0.007	0.073	0.068	0.241
		雄株 Male	0.030	0.032	0.061	0.050	0.528	0.346	0.198
	1450 m	雌株 Female	0.037	0.043	−0.248	0.089	0.682	0.405	0.284
		雄株 Male	0.043	0.047	−0.060	0.112	0.880	0.468	0.264

注：数据类型标示同图 8-1。The symbol of data type as in Fig. 8-1

8.4.4　雌雄植株树轮密度对气候响应的比较

从图 8-8 中可以看出，高低海拔的雌雄植株年轮最大密度对气候响应存在一定的差异。在高海拔地区，青杨雄株的年轮最大密度与前一年 11 月和当年 4 月、6 月的月平均温度存在显著的负相关，而雌株则仅与前一年 12 月的温度存在显著的正相关。然而，在低海拔地区，雌株年轮最大密度与温度并未存在显著的相关性，这说明低海拔地区的气温并未限制雌株的生长；但当年 4 月温度对雄株的密度生长起到了明显的限制作用。

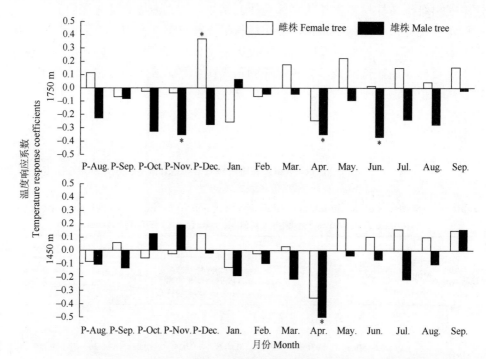

图 8-8　高（1750 m）、低（1450 m）海拔青杨雌雄植株年轮最大密度差值年表与温度的响应关系

Fig. 8-8　Correlation coefficients between the maximum ring density residual chronology and Monthly mean air temperature in female and male *P. cathayana* at high（1750 m）-or low（1450 m）-elevation

标示同图 8-4。The symbol as in Fig. 8-4

　　高海拔地区，雌株的年轮最小密度与冬季（当年 1 月、2 月、3 月）的温度和夏季（当年 8 月）的温度存在显著的正相关，而高海拔的各月的温度变化并未成为影响雄株最小密度变化的限制性因子。在低海拔区域，情况截然相反，雄株的最小密度与前一年 9 月和当年 5 月、6 月、7 月的温度存在显著的负相关，而雌株在低海拔区域与各月气温并不存在明显的相关性（图 8-9）。

　　此外，降水方面（图 8-10），在高海拔地区，雌株年轮最大密度与前一年 9 月、12 月和当年 1 月、6 月的降水存在显著的相关性，而雄株年轮最大密度与降水并不存在明显的相关性；在低海拔区域，雌雄植株的年轮最大密度与降水的相关性均不明显，雌株仅在前一年 11 月、雄株仅在当年 2 月与降水存在明显的相关性。此外，

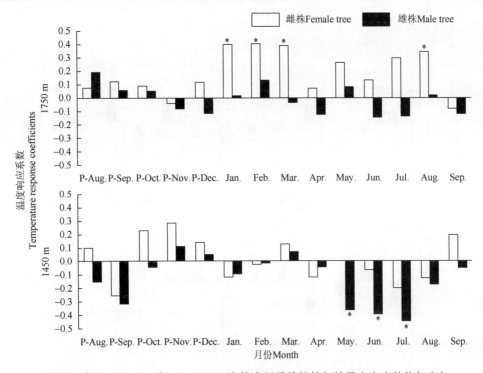

图 8-9　高（1750 m）、低（1450 m）海拔青杨雌雄植株年轮最小密度差值年表与
温度的响应关系

Fig. 8-9　Correlation coefficients between the minimum ring density residual chronology and
Monthly mean air temperature in female and male *P. cathayana* at high（1750 m）-or
low（1450 m）-elevation

标示同图 8-4。The symbol as in Fig. 8-4

高海拔的各月降水并未对雌雄植株最小密度的变化产生显著影响（图 8-11）。在低海拔区域，雌雄植株都与前一年 10 月的降水存在显著的正相关，同时，雌株还与当年 3 月的降水存在显著正相关。

　　在高海拔区域（图 8-8），青杨雌株年轮最大密度与前一年 12 月的温度显著正相关，其原因可能是冬季（12 月）温度越高越不利于芽的休眠，导致该区域的植物在来年春季过早萌发。此外，在小五台山高海拔区域春季降水较少，春旱会加大青杨繁殖的能量投入，进而导致青杨径向生长减缓，年轮最大密度升高。鉴于已有的研究表明雌株对于环境温度的变化更为敏感（Xu et al.，2008b，2010a），因此暖冬可能会诱发青杨雌株在生长季的繁殖期提前，最终导致青杨雌株最大密度与生长季前 12 月的温度存在显著的正相关关系。而青杨雄株年轮最大密度与前一年 11 月和当年 4 月、6 月的温度存在显著负相关。这主要是因为在高海拔区域冬季 11 月温度越低越容易对青杨的组织造成损伤（Fan et al.，2009），导致植物在生长季的径向生长减缓，从而年轮最大密度升高。

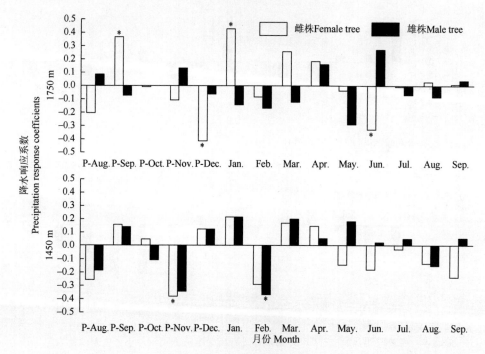

图 8-10　高（1750 m）、低（1450 m）海拔青杨雌雄植株年轮最大密度差值年表
与降水的响应关系

Fig. 8-10　Correlation coefficients between the maximum ring density residual chronology
and Monthly precipitation in female and male *P. cathayana* at high（1750 m）-or
low（1450 m）-elevation

标示同图 8-4。The symbol as in Fig. 8-4

　　此外，在高海拔地区，雌株最小密度与冬季（当年 1 月、2 月、3 月）的温度
存在显著的正相关关系（图 8-10）。这主要是由于冬季气温越高越有利于光合作用，
促进形成层活动，从而在来年易形成较宽的年轮（Kagawa et al.，2006）。此外，
冬季气温的升高会促进融雪，进而为树木生长季初期提供更多水分，有利于促进
树木生长进而导致年轮中的细胞分裂和伸长过程能够得到较为充分的水分供应，
导致细胞直径加大，细胞壁的厚度相对较薄，从而易形成较低的木质密度（杨银
科等，2007；Borgaonkar et al.，2011）。并且很多研究已经表明，在极端环境条件
下，雄株的抗逆性要好于雌株。因此本文相关分析结果显示高海拔雌株年轮最小
密度与冬季温度呈现显著的正相关关系具有明确的生理意义。

　　然而，低海拔青杨雄株最小密度与当年春末夏初（当年 5 月、6 月、7 月）的
温度呈显著负相关（图 8-9）。这主要是因为在树木生长旺盛的春夏季节，也是早

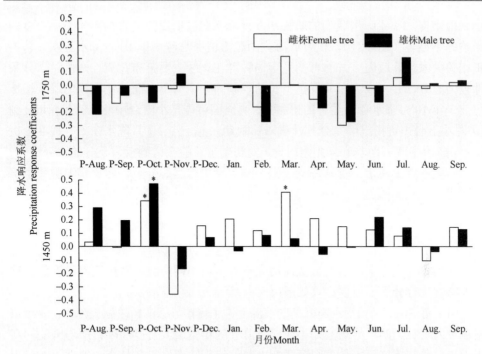

图 8-11　高（1750 m）、低（1450 m）海拔青杨雌雄植株年轮最小密度差值年表
与降水的响应关系

Fig. 8-11　Correlation coefficients between the minimum ring density residual chronology and
Monthly precipitation in female and male *P. cathayana* trees at high（1750 m）-or
low（1450 m）-elevation

标示同图 8-4。The symbol as in Fig. 8-4

材形成时期，并且考虑到低海拔地区的温度明显高于高海拔，过高的温度会加速
植物的蒸腾作用，限制植物的生长，而在春末夏初青杨雄株已经完成了繁殖投入，
资源投入主要用于径向生长，所以此时的温度高低在很大程度上决定了雄株的径
向生长的速率；此外由于低海拔地区的青杨主要分布在河谷地区，水分条件较好，
并且该区域月降水量在春夏之交时逐渐从 35.7 mm 提高到 105.9 mm，达到了一年
中的最大值，所以此时温度是雄株年轮最小密度高低的决定性因子。

降水方面，高海拔地区的青杨雌株的年轮最大密度与前一年 9 月、12 月，当
年 1 月、6 月的降水存在显著的相关性，而雄株最大密度却对高海拔的降水变化
并不敏感（图 8-10）。这主要是因为在高海拔极端环境条件下，雌株对于胁迫环境
更为敏感（杨鹏和胥晓，2012）。然而，在低海拔地区，青杨雌雄植株年轮最大密
度对降水的变化普遍不敏感。这是因为低海拔地区的青杨分布在沟谷两侧，水分
条件充足，因而对降水变化的影响不显著。

以往的研究表明年轮最小密度与生长季初期的降水有很好的响应关系（吴祥

定和邵雪梅，1994）。但我们的研究却发现降水对高低海拔的青杨年轮最小密度的影响并不显著（图8-11），仅有低海拔的雌雄植株与前一年10月降水存在显著的正相关关系。其原因一方面可能是青杨种群在该区主要分布在河谷两侧，水分条件较为充分，并未成为影响青杨生长的限制因子。另一方面，低海拔的雌雄植株与前一年10月降水存在显著的正相关，其原因可能是小五台山9月开始落叶，到10月小五台山青杨已经完全落叶进入休眠期，前一年10月降水在一定程度上决定青杨来年初春（雨季尚未到来时期）的初始生长能否得到较为充分的水分供应。这在一定程度上决定了青杨在下一生长季年轮中细胞的分裂、伸长和细胞壁生长的过程。

8.5　小　　结

利用树轮生态学的研究方法对河北小五台山不同海拔的青杨天然种群的树轮生长特性进行分析，主要结果如下：

（1）近30年来当地不断升高的气温促进了青杨雌株的树轮生长，使得雌雄植株在径向生长上的差异逐步缩小，并且雌株的年轮最大密度和晚材平均密度均高于雄株。雌雄植株年轮最大密度和宽度差值年表的变化趋势具有一致性，但在年轮最大密度差值年表的变化上雄株波动幅度大于雌株。青杨雌雄植株年轮密度差值年表对温度响应的月份明显不同。此外，生长季前的气候变化对青杨雌雄植株的径向生长均有明显的限制作用。

（2）受到高低海拔环境差异的影响，低海拔青杨种群的径向生长明显优于高海拔种群。高海拔气温升高促进了雌株的径向生长，导致了高海拔青杨种群的雌雄植株在近30年来的径向生长差异逐步缩小。此外，高低海拔的温度差异导致了雌雄植株在径向生长上对气候的响应存在一定的差异，在高海拔区域前一年秋季（前一年10月、11月）温度对于雌株的径向生长起到了显著的限制作用；而在低海拔区域，当年1月温度则对青杨雌雄植株的径向生长起到了显著的限制作用。

（3）低海拔雌株年轮最小密度显著高于雄株。高低海拔雌雄植株年轮密度对于温度的响应存在一定的差异，高海拔的冬季温度对于雌株最小密度变化起到了一定的限制作用，而低海拔春末夏初的高温环境则对雄株最小密度的变化起到了显著的限制作用。

（4）温度因子是主导青杨雌雄植株在高低海拔树轮生长出现差异的主导因素，雌雄异株植物在树轮生长方面对全球气候变暖可能具有不同的响应机制，雌株可能更侧重于密度生长。

第9章 青杨种群对海拔的适应及其保护对策

青杨是研究雌雄异株木本植物的模式树种，同时也是木材生产等方面的经济树种和生态恢复树种。以往对青杨的研究主要集中在个体生理生态方面，还未见对青杨天然种群生态学的研究。本章在前面章节的基础上，总结对河北小五台山国家级自然保护区内不同海拔的青杨种群生态学的研究结果后，综合分析青杨生长及其种群特征的变化规律，对未来气候变暖下青杨种群的保护提出对策和建议，有益于该地区生物多样性的保护。

9.1 不同海拔的青杨种群特征

9.1.1 青杨种群的分布、结构和动态特征及生存力分析

通过研究小五台山国家级自然保护区种群及其雌雄群体沿海拔梯度的分布和结构特征，并对种群动态和生存力进行分析，发现：

（1）青杨种群以随机分布和均匀分布为主。平均胸径在海拔梯度上的变化趋势与密度呈负相关关系，这种关系体现了青杨种群具有自疏特性。同时，种群结构的稳定性与平均胸径、性比有关。种群结构会随着平均胸径的增大从增长型过渡为衰退型；而当性比偏雌时，种群表现为增长型，当性比偏雄时，则表现为衰退型。

（2）雌株群体平均胸径在海拔梯度上的分布无明显差异，而密度在海拔1700 m 显著低于其他海拔；雄株群体平均胸径在海拔 1700 m 显著高于其他海拔，密度随海拔变化不明显。雌雄个体比例随海拔的升高而增加，在海拔 1600 m 性比接近 1∶1，并且在该海拔雌雄群体的生长和繁殖速率最接近。

（3）雌雄群体结构稳定性的最适宜海拔不同。雌株群体在海拔 1400 m 稳定性最高，雄株群体结构则是在海拔 1600 m 稳定性最高。这种现象说明，雌雄个体的最适合生长环境是不同的。此外，对群体的空间分布分析表明，雌雄群体均以聚集分布为主。

（4）对青杨种群和雌雄群体进行分析，发现雄株群体在海拔梯度上的分布特征与种群的分布特征相似；同时，根据青杨种群在海拔梯度上的径级结构和分布数量，能够确定海拔 1600 m 是种群繁殖的最适区域。

（5）基于静态生命表的结果：高低海拔种群的死亡密度和危险率曲线的变化有一致性，高低海拔的青杨种群都具有相当明显的前期锐减、中期稳定、后期衰

退的特点，种群的存活曲线偏向于 Deevey Ⅱ型，高海拔为 Deevey Ⅱ型，但低海拔种群的繁殖能力强于高海拔。

（6）以转移矩阵模型为基础的生存力分析研究表明，低海拔的种群处于增长状态，种群的生存力高，而高海拔种群较稳定，种群的生存能力稳定。从矩阵的纵向上来看，低海拔的敏感度由低径级向高径级呈逐渐减小的趋势，高海拔的呈先减小后增大的趋势；而低海拔的弹性矩阵的值在低径级大，在高径级小，高海拔的基本相反。

9.1.2　青杨种群的更新及其影响机制

对小五台山国家级自然保护区青杨种群的年龄结构及其成因进行研究，并对影响种群更新和生长过程的环境因素进行了分析，发现：

（1）从种群年龄结构上看，该种群已达到容纳量饱和点，虽然幼苗数量极多，但存活率极低，其幼树更新不良，死亡率较高。

（2）种群中的幼苗均为无性繁殖的克隆分株，是由基株根系萌发抽枝形成的，而以种子方式繁殖的幼苗由于森林凋落物的干扰无法更新成功。同时，青杨的落叶具有化感作用，可以抑制青杨种子的萌发与生长。

（3）青杨幼树死亡率很高，主要原因可能是林内密度高引起的徒长，使树干机械强度下降，使树冠易被强风吹断。

（4）青杨成年群体已达数量饱和，由于其占据林冠层，导致林下幼树的更新不良。

总体来看，青杨种群中虽然幼苗较多，但更新能力并不高，因为该种群密度已达饱和，观察立木的年龄结构即可知其年新增植株数量一直在下降，特别在近15 年内，几乎没有新增立木出现。

9.2　青杨雌雄植株生长、繁育器官对环境变化的响应与适应

9.2.1　青杨小枝功能性状特征

通过对小五台山国家级自然保护区内不同海拔的青杨成年雌雄植株的小枝功能性状和化学计量学特征沿海拔的变化进行研究，并对其成因进行探讨，发现：

（1）青杨植株在叶片增长速率方面快于叶柄。雌雄植株在叶片与叶柄生长之间表现出明显的性别差异，当叶柄干重一定时，雌株可以比雄株支撑更大的叶片干重和面积。总叶的生物量积累与茎生物量、小枝生物量的积累均近似于等比例增长。但是，总叶面积与茎干重之间的生长关系表现为小于 1.0 的异速生长。

（2）青杨植株的叶片与叶柄之间在高低海拔上表现出明显的差异。当叶柄干

重一定时，低海拔的可以比高海拔的支撑更大的叶片干重和面积，而叶片面积和叶柄干重的关系在高低海拔差异并不显著。叶片干重和叶片面积在单位叶面积上低海拔的投入更多的生物量。总叶的生物量积累与茎生物量、小枝生物量的积累均近似于等比例增长，总叶面积与茎干重、总叶面积与小枝干重均呈等速生长关系，但是，总叶面积与小枝干重之间存在海拔上的差异，高海拔的有更高的产出比。

（3）青杨雌雄植株在高低海拔上表现出不同的功能性状特征。在叶水平上，雌株的单位叶柄干重在低海拔可以支撑更大的叶片生物量和面积，但雌株的叶片面积与叶片干重在高低海拔间却没有差异。雄株在高海拔比低海拔有更大叶柄和叶片，且当叶片干重一定时，雄株在高海拔具有更大的叶片面积。在小枝水平上，青杨雌雄植株叶面积、叶干重均与小枝干重呈等速生长关系，从小枝投入与产出方面分析发现雌雄并无差异。在高低海拔同样表现出不同的功能性状特征，雌株的总叶干重与茎干重、小枝干重在高低海拔均有差异，单位茎干重、单位小枝干重在低海拔可以比高海拔支撑更多的叶片生物量。雄株的总叶干重与茎干重、小枝干重在高低海拔均没有差异，低海拔的总叶面积与茎干重相关性不显著，但是总叶面积与小枝干重之间海拔差异显著，在小枝干重一定的情况下，高海拔的可以比低海拔的支撑更大的叶片面积。

（4）高海拔的青杨叶片比低海拔的具有更高的 N、P 含量，且雌株 N、P 含量和 C/N 值均大于雄株，表明雌株比雄株具有更高的生长速度，且对 N、P 的利用效率更高。

（5）不同海拔下花序的 C/N 值、C/P 值均表现为雄株大于雌株，表明雄株花序的生长速度大于雌株。

9.2.2　青杨繁育器官对海拔变化的生理生态响应

通过比较小五台山国家级自然保护区不同海拔的青杨雌雄花的形态、繁殖力、内源激素含量及花粉形态差异后，发现：

（1）在青杨种群分布的 3 个海拔区域内，中海拔雄株花序长度最短的，而其花柄长度最长；单花花药数、萼片大小、单花生物量、单花药生物量等指标随海拔呈线性变化，随海拔的升高而增大（多）；中海拔雌株的萼片大小和胚珠数最小，分别与其他两个海拔间存在显著差异，而单花花序数、柱头长度和柱头宽度等随海拔升高均表现出增加趋势。

（2）青杨雌雄植株性别的差异及各海拔环境因子的差异，导致雌雄花中的内源激素含量表现出一定的差异性，且内源激素含量与花性状之间存在一定相关性。青杨雌花的赤霉素和玉米素核苷含量要显著高于雄花，并且两种激素含量随海拔升高先增大后减小；雌雄花的脱落酸含量与海拔呈正相关关系，且随海拔的升高

而增大；雄株花柄长度与赤霉素含量的关系也呈正相关；雌花中玉米素核苷含量
与花柄长度及子房长度呈显著负相关；雌花脱落酸含量和萼片大小及胚珠数之间
呈显著正相关。因此，海拔梯度环境因子的改变可能会使青杨雌雄个体花内源激
素含量发生变化，从而进一步诱导花的性状发生改变，因此笔者认为内源激素含
量的变化可能是花性状变异的驱动因素。

（3）不同海拔上青杨的花粉形态均为球状体，直径约为 20 μm，无孔沟和萌
发孔，外壁纹饰为不规则云片状隆起，外壁上面布满形状不规则的小孔和乳突。
花粉形态在海拔间的差异不明显，说明该地环境的改变并没有对青杨花粉的形态
特征产生影响。

9.2.3　青杨树轮生长与气候环境的关系

利用年轮生态学的研究方法，对小五台山国家级自然保护区天然青杨雌雄植
株年轮生长与气候的相互关系进行研究，并对导致雌雄差异的环境因素进行探讨，
发现：

（1）雌雄植株年轮最大密度和宽度差值年表的变化趋势具有一致性，但在年
轮最大密度差值年表的变化上雄株波动幅度大于雌株。

（2）受高低海拔温度差异的影响，低海拔青杨个体的径向生长明显优于高海
拔个体。

（3）温度是不同海拔青杨雌雄植株年轮最小密度的主要限制因子。高低海拔
雌雄植株最小密度对于温度的响应存在一定的差异，高海拔的冬季温度对于雌株
起到了一定的限制作用，而低海拔春末夏初的高温环境则对雄株的生长起到了明
显的限制作用。

（4）雌雄植物在树轮生长方面对全球气候变暖可能具有不同的响应机制，雌
株可能更侧重于密度生长。

9.3　青杨种群的保护对策

河北小五台山国家级自然保护区是我国华北植物区系的代表，是华北生物
多样性较高的地区。本书通过汇编课题组近年来对该保护区内青杨种群生态学
的研究结果。在此基础上，对该地青杨种群乃至生物多样性的保护提出以下几
点建议：

（1）地理分布的局限性。由于地形地貌特征和土壤状况，以及青杨本身的生
态生物学特征，小五台山保护区内青杨天然种群的地理分布存在很大的局限性，
从而制约了种群的空间扩展。保护区内青杨雌雄群体结构稳定性的最适宜海拔不
同。雌株群体在海拔 1400 m 稳定性最高，雄株群体结构则是在海拔 1600 m 稳定

性最高。雌雄个体的最适合生长环境不同，从而导致不同海拔上雌雄性比存在差异，表现为随海拔的升高而增加，在海拔 1600 m 性比接近 1∶1。根据青杨种群在海拔梯度上的径级结构和分布数量，作者能够确定海拔 1600 m 是种群的最适繁殖区域。此外，青杨为水滨植物，对水分的要求较严，因此在保护区内青杨天然种群沿河流呈聚集分布。由此说明，青杨对环境的适应能力有很大的局限性。

（2）独特的种群结构。保护区内青杨种群呈现出"幼苗多，幼树少，成年树中间多两边少"的特点。幼苗数量极多，但存活到幼树阶段的极少，而幼树的数量相对较少，成年立木数量较多，成年群体年龄分布呈现正态分布特点。老树和幼树的数量都不多，30～40 龄的成年立木数量最多，种群密度接近饱和。主要原因是林内密度高，幼树为了竞争光照而徒长，造成树干机械强度下降，树冠易被折断，最终死亡率较高。建议对该青杨林成熟龄级（30～40 龄）进行疏林间伐，使青杨林的幼树获得更多的生长机会，而使种群的年龄结构更加合理。

（3）青杨种群自然更新弱。青杨种子虽然发芽率极高（达 80%～90%），但存活率极低，观察立木的年龄结构即可知其年新增植株数量一直在下降，特别在近 15 龄内，几乎没有新增立木出现。这可能是多方面原因造成的，一方面该地青杨林主要是无性繁殖，造成种子遗传多样性低；另一方面可能是环境造成的。作者针对林内堆积的落叶层对幼苗存活率影响的研究显示：存活率低一方面是由于落叶层物理作用的阻隔，另一方面化感作用也会抑制幼苗的正常生长。虽然青杨种群具有自疏作用，其可以通过叶片中存在的化感物质，落叶后在林下富积，减少同类间的相互竞争，但并没有改变该地天然青杨种群中的幼苗均为无性繁殖的克隆分株的现象。尽管青杨萌蘖能力较强，可以使种群处于有利地位，但由于无性繁殖往往会影响群体之间的基因交流，因而无性繁殖在群体的进化上远不如有性繁殖优越。建议通过人工播种的形式提高种子的遗传多样性，加强对种群遗传多样性的研究，同时对该地青杨林进行适当疏林间伐，降低植株间的竞争强度，以促进幼树的更新。

（4）青杨雌株比雄株对海拔变化更为敏感。从繁育器官、年轮生长特征方面，均发现该地温度是影响不同海拔间青杨性状的主导环境因子，且性别间对海拔变化的响应存在差异。相比雄株，雌株随海拔的繁育器官、年轮生长方面的变化更为明显。可以预测未来全球气候变暖下，雌、雄繁育器官和植株生长间的平衡可能会被打破，这对于青杨的有性生殖和竞争会带来不利影响。建议可以根据雌雄性别对海拔的敏感性不一致来适度调节青杨种群的性比，维持性别间的平衡。

（5）加强科教宣传。由于青杨是优良的材用树种，长期以来都是砍伐对象。据有关资料记载，保护区内早年间对青杨树木进行了大规模的砍伐，导致大径级青杨数量减少甚至为零，这与作者调查的龄级缺失结果相符。自然保护区自成立以来，乱采盗伐的现象虽然得到控制，但在保护区植物资源保护上仍存在以下问题。例如：①宣传教育力度不足，民众保护意识不强。保护区周边民众保护知识缺乏，保护意识不强。在日常生活中对植物资源有很大的依赖性，如砍柴烧炭、建造房屋等人为活动易对保护区的植物资源造成破坏，从而使保护区内生物多样性降低，资源的可持续发展利用受到阻碍。②保护管理技术缺乏。由于保护区专业技术人员少，加之保护区管理技术缺乏，造成保护区的基础研究较少，再加上监测手段落后，无法及时对森林资源进行动态监测，致使对保护区内植物资源变化动态情况不能及时了解。针对以上问题，提出以下建议：①加强宣传教育，依法治林。只有加强宣传教育，特别是加强对周边群众的宣传教育，提高他们的保护意识，使之意识到保护区与周边群众是相互依存、互惠互利、共同发展的关系，这样群众才会自觉地保护资源。同时，保护区管理部门也要加强巡护工作，要加强执法，严厉打击非法进入保护区进行违法狩猎的事件，杜绝偷伐盗伐行为的发生。②加强开展科学研究。目前，在保护区范围内开展的相关科学研究工作还不多。建议在保护区内开展不同海拔垂直带谱下生态系统结构和功能的研究、生物种群遗传多样性的相关研究、气候变化下动植物关系（包括病虫害的防治）研究、森林生态水文发生过程研究等，为该地珍稀动植物资源的保护和利用提供理论依据，同时也为珍稀动植物提供健康的栖息地，促进该区域内生物多样性的保护。

参 考 文 献

蔡飞，宋永昌. 1997. 武夷山木荷种群结构和动态的研究[J]. 植物生态学报，21（2）：138-148.

蔡汝，陶俊，陈鹏. 2000. 银杏雌雄株叶片光合特性、蒸腾速率及产量的比较研究[J]. 落叶果树，32（1）：14-16.

陈昆松，李方，张上隆，等. 1999. ABA 和 IAA 对猕猴桃果实成熟进程的调控[J]. 园艺学报，26（2）：81-86.

陈效述，张福春. 2001. 近 50 年北京春季物候的变化及其对气候变化的响应[J]. 中国农业气象，22（1）：1-5.

程栋梁. 2009. 异速生长关系在生物学中的应用[J]. 沈阳大学学报：自然科学版，21（6）：12-15.

董鸣. 1987. 缙云山马尾松种群年龄结构初步研究[J]. 植物生态学与地植物学学报，（1）：50-58.

董廷发，冯玉龙，类延宝，等. 2012. 干旱和湿润生境中主要优势树种叶片功能性状的比较[J]. 生态学杂志，31（5）：1043-1049.

杜克兵，许林，涂炳坤，等. 2009. 贮藏温度、含水量及干燥方法对黑杨派杨树种子耐贮性的影响[J]. 种子，28（4）：1-7.

段喜华，孙立夫，马书荣，祖元刚. 2003. 不同海拔高度泡沙参叶片形态研究[J]. 植物研究，23（3）：334-336.

范雪涛，马丹炜，于树华，等. 2007. 辣子草对 3 种农作物的化感作用[J]. 环境科学与技术，30（10）：7-8.

高连明，张长芹，李德铢，等. 2002. 杜鹃花族花粉形态及其系统学意义[J]. 云南植物研究，24（40）：471-482.

葛颂，洪德元. 1994. 遗传多样性及其检测方法//钱迎倩，马克平. 生物多样性研究的原理与方法[M]. 北京：中国科学技术出版社：123-140.

勾晓华，陈发虎，杨梅学，等. 2004. 祁连山中部地区树轮宽度年表特征随海拔高度的变化[J]. 生态学报，24（1）：172-176.

何亚平，刘建全. 2003. 植物繁育系统研究的最新进展和评述[J]. 植物生态学报，27（2）：151-163.

贺俊东，胥晓，郇慧慧，等. 2014. 青杨雌雄扦插苗光合作用日变化与叶绿素荧光参数特征[J]. 植物研究，34（2）：219-225.

洪伟，王新功，吴承祯，等. 2004. 濒危植物南方红豆杉种群生命表及谱分析[J]. 应用生态学报，15（6）：1109-1112.

黄科朝，胥晓，李霄峰，等. 2014. 小五台山青杨雌雄植株树轮生长特性及其对气候变化的响应差异[J]. 植物生态学报，38（3）：270-280.

江洪. 1992. 云杉种群生态学[M]. 北京：中国林业出版社.

李春明，白卉，于文喜. 2011. 低温驯化过程中大青杨叶片差异蛋白质分析[J]. 东北林业大学学报，39（10）：45-49.

李金昕，吴定军，章世鹏，等. 2016. 四川米仓山自然保护区台湾水青冈种群生命表及动态分析[J]. 植物研究，36（1）：68-74.

李宽钰，黄敏仁，王明庥，等. 1996. 白杨派、青杨派和黑杨派的 DNA 多态性及系统进化研究 [J]. 南京林业大学学报（自然科学版），20（1）：6-11.

李宽钰，杨自湘. 1997. 青杨的遗传分化[J]. 植物学报：英文版，39（8）：753-758.

李霄峰，王碧霞，黄晓燕，等. 2012a. 天然青杨种群性成熟条件及性别间差异[J]. 宁夏农林科技，53（5）：1-2.

李霄峰，胥晓，王碧霞，等. 2012b. 小五台山森林落叶层对天然青杨种群更新方式的影响[J]. 植物生态学报，36（2）：109-116.

李霄峰，王志峰，黄尤优，等. 2013. 小五台山天然青杨林雌雄群体的生长差异[J]. 广西植物，33（3）：416-420.

李小双，彭明春，党承林. 2007. 植物自然更新研究进展[J]. 生态学杂志，26（12）：2081-2088.

李妍，李海涛，金冬梅，等. 2007. WBE 模型及其在生态学中的应用：研究概述[J]. 生态学报，27（7）：3018-3031.

李媛，梁士楚，黄元河，等. 2007. 野生罗汉果种群分布格局研究[J]. 广西植物，27（4）：581-584.

林益民. 1993. 植物种群的性比[J]. 生态科学，（2）：144-148.

刘家熙，席以珍，宁建长，等. 2003. 中国紫草科厚壳树亚科的花粉形态及其系统学意义[J]. 植物分类学报，41（3）：209-219.

刘军. 1997. 川西高原青杨派杨树的地理类型[J]. 四川林业科技，18（2）：36-39.

刘录三，邵雪梅，梁尔源，等. 2006. 祁连山中部祁连圆柏生长与更新方式的树轮记录[J]. 地理研究，25（1）：53-61.

刘全儒，张潮，康慕谊. 2004. 小五台山种子植物区系研究[J]. 植物研究，24（4）：499-506.

刘霞. 2003. 青杨雄株的形质特征及其优势研究[J]. 青海农林科技，（3）：22-23.

刘增力，郑成洋，方精云. 2004. 河北小五台山北坡植物物种多样性的垂直梯度变化[J]. 生物多样性，12（1）：137-145.

鲁少波. 2009. 河北小五台山森林生态系统主要因子间量化关系研究[D]. 北京：北京林业大学博士学位论文：14-17.

罗璐，申国珍，谢宗强，等. 2011. 神农架海拔梯度上 4 种典型森林的乔木叶片功能性状特征[J]. 生态学报，31（21）：6420-6428.

牛翠娟，娄安如，孙儒泳，等. 2007. 基础生态学[M]. 北京：高等教育出版社.

潘红丽，李迈和，蔡小虎，等. 2009. 海拔梯度上的植物生长与生理生态特性[J]. 生态环境学报，18（2）：722-730.

潘瑞炽. 2008. 植物生理学[M]. 北京：高等教育出版社：18-24.

彭剑峰，勾晓华，陈发虎，等. 2007. 阿尼玛卿山地不同海拔青海云杉（*Picea crassifolia*）树轮生长特性及其对气候的响应[J]. 生态学报，27（8）：3268-3276.

彭少麟，汪殿蓓，李勤奋. 2002. 植物种群生存力分析研究进展[J]. 生态学报，22（12）：757-766.

祁建，马克明，张育新. 2007. 辽东栎叶特性沿海拔梯度的变化及其环境解释[J]. 生态学报，27（3）：930-937.

沙万英，邵雪梅，黄玫. 2002. 20 世纪 80 年代以来中国的气候变暖及其对自然区域界线的影响[J]. 中国科学（D 辑），32（4）：317-326.

邵雪梅，方修琦. 2003. 柴达木东缘山地千年祁连圆柏年轮定年分析[J]. 地理学报，58（1）：90-100.

师生波, 李惠梅, 王学英, 等. 2006. 青藏高原几种典型高山植物的光合特性比较[J]. 植物生态
　　学报, 30 (1): 40-46.

史全良. 2001. 杨树系统发育和分子进化研究[J]. 南京林业大学学报 (自然科学版), 25 (4): 56.

史全良, 诸葛强, 黄敏仁, 等. 2001. 用 ITS 序列研究杨属各组之间的系统发育关系[J]. 植物学
　　报, 43 (3): 323-325.

苏晓华, 黄秦军, 张冰玉, 等. 2004. 中国杨树良种选育成就及发展对策[J]. 世界林业研究,
　　2 (1): 46-49.

孙昌祖, 刘家琪. 1998. 低温胁迫对青杨叶片 O_2^-、MDA、膜透性、叶水势及保护酶的影响[J]. 内
　　蒙古林学院学报, 20 (3): 32-36.

孙毓, 王丽丽, 陈津, 等. 2010. 中国落叶松属树木年轮生长特性及其对气候变化的响应[J]. 中
　　国科学 (地球科学), 40 (5): 645-653.

谭志一, 董毅敏, 高秀英, 等. 1985. 毛白杨冬芽休眠解除过程中脱落酸及赤霉素含量的变化[J].
　　植物学报, 27 (4): 381-386.

陶大立, 徐振邦, 李昕. 1985. 死、活地被物对红松伴生树种天然更新影响的实验研究[J]. 植物
　　生态学报, 9 (1): 47-58.

万开元, 陈防, 陶勇, 等. 2009. 杨树对莴苣的化感作用[J]. 东北林业大学学报, 37 (1): 21-22.

王白坡, 程晓建, 戴文圣. 1999. 银杏雌雄株内源激素和核酸的变化[J]. 浙江林学院学报, 16 (2):
　　114-118.

王碧霞, 廖咏梅, 黄尤优, 等. 2009. 青杨雌雄叶片气孔分布及气体交换的异质性差异[J]. 云南
　　植物研究, 31 (5): 439-446.

王丙武, 王雅清, 莫华, 等. 1999. 杜仲雌雄株细胞学、顶芽及叶含胶量的比较[J]. 植物学报,
　　41 (1): 11-15.

王贺新, 李根柱, 于冬梅, 等. 2008. 枯枝落叶层对森林天然更新的障碍[J]. 生态学杂志, 27 (1):
　　83-88.

王丽丽, 邵雪梅, 黄磊, 等. 2005. 黑龙江漠河兴安落叶松与樟子松树轮生长特性及其对气候的
　　响应[J]. 植物生态学报, 29 (3): 380-385.

王胜东, 杨志岩. 2006. 辽宁杨树[M]. 北京: 中国林业出版社.

王纬, 曹宗巽. 1983. 高等植物的性别分化[J]. 植物学通报, 1 (3): 8-11.

王延平. 2010. 连作杨树人工林地力衰退研究: 酚酸的累积及其化感效应[D]. 济南: 山东农业大
　　学博士学位论文.

王志峰, 罗辅燕, 唐婷, 等. 2011b. 河北小五台山海拔梯度上青杨的种群结构和空间分布[J]. 西
　　华师范大学学报 (自然科学版), 32 (1): 1-6.

王志峰, 胥晓, 李霄峰, 等. 2011a. 青杨雌雄群体沿海拔梯度的分布特征[J]. 生态学报, 31 (23):
　　7067-7074.

王一峰, 高宏岩, 施海燕, 等. 2008. 小花风毛菊的性器官在青藏高原的海拔变异[J]. 植物生
　　态学报, 32 (2): 379-384.

王一峰, 李梅, 李世雄, 等. 2012. 青藏高原 3 种风毛菊属植物的繁殖分配与海拔高度的相关性
　　[J]. 植物生态学报, 36 (11): 1145-1153.

魏本勇, 方修琦. 2008. 树轮气候学中树木年轮密度分析方法的研究进展[J]. 古地理学报, 10 (2):
　　193-202.

吴承祯，吴继林. 2000. 珍稀濒危植物长苞铁杉种群生命表分析[J]. 应用生态学报，11（3）：333-336.

吴祥定，邵雪梅. 1994. 中国秦岭地区树木年轮密度对气候响应的初步分析[J]. 应用气象学报，5（2）：253-256.

吴祥定. 1990. 树木年轮与气候变化[M]. 北京：气象出版社.

吴征镒. 1999. 中国植物志[M]. 北京：科学出版社.

伍业钢，韩进轩. 1988. 阔叶红松林红松种群动态的谱分析[J]. 生态学杂志，7（1）：19-23.

夏仁学. 1996. 园艺植物性别分化的研究进展[J]. 植物学通报，13（增刊）：12-19.

肖宜安，何平，李晓红，等. 2004. 濒危植物长柄双花木自然种群数量动态[J]. 植物生态学报，28（2）：252-257.

胥晓，杨帆，尹春英，等. 2007. 雌雄异株植物对环境胁迫响应的性别差异研究进展[J]. 应用生态学报，18（11）：2626-2631.

徐振邦，代力民，陈吉泉，等. 2001. 长白山红松阔叶混交林森林天然更新条件的研究[J]. 生态学报，21（4）：1413-1420.

杨冬梅，占峰，张宏伟. 2012. 清凉峰不同海拔木本植物小枝内叶大小-数量权衡关系[J]. 植物生态学报，36（4）：281-291.

杨贵明，张夫道，薛秋生，等. 2003. 桑树体内氮、磷分布及品种间营养效率差异研究[J]. 植物营养与肥料学报，9（1）：106-111.

杨鹏，胥晓. 2012. 淹水胁迫对青杨雌雄幼苗生理特性和生长的影响[J]. 植物生态学报，36（1）：81-87.

杨涛，勾晓华，李颖俊，等. 2010. 青藏高原东北部树轮海拔梯度研究的散点图分析应用[J]. 冰川冻土，32（2）：429-437.

杨延霞，王碧霞，黄尤优，等. 2014. 青杨雌雄植株小枝各结构间的相关关系[J]. 西华师范大学学报（自然科学版），35（1）：15-20.

杨银科，刘禹，史江峰，等. 2007. 树木年轮密度实验方法及其在内蒙古准格尔旗树轮研究中的应用[J]. 干旱区地理，29（5）：639-645.

杨妤. 2009. 青杨（*Populus cathayana* Rehd.）雌雄植株对遮阴环境的不同响应[D]. 南充：西华师范大学硕士学位论文.

杨自湘，王守宗，韩玉兰. 1996. 不同产地青杨抗寒性变异的研究[J]. 林业科学研究，9（5）：475-480.

尤海梅，小池文人. 2011. 基于 Lefkovitch 矩阵模型的山酢浆草种群动态分析[J]. 浙江农林大学学报，28（1）：66-71.

余树全，刘军，付达荣，等. 2003. 川西高原青杨派基因资源特点[J]. 浙江林学院学报，20（1）：27-31.

鱼小军，师尚礼，龙瑞军，等. 2006. 生态条件对种子萌发影响研究进展[J]. 草业科学，23（10）：44-49

张春雨，高露双，赵亚洲，等. 2009. 东北红豆杉雌雄植株径向生长对邻体竞争和气候因子的响应[J]. 植物生态学报，33（6）：1177-1183.

张春雨. 2009. 长白山针阔混交林种群结构及环境解释[D]. 北京：北京林业大学博士学位论文：67-107.

张大勇. 2003. 植物生活史进化与繁殖生态学[M]. 北京：科学出版社：160-165.

张福春. 1995. 气候变化对中国木本植物物候的可能影响[J]. 地理学报, 50（5）：402-410.

张桂莲，陈立云，张顺堂，等. 2008. 高温胁迫对水稻花粉粒性状及花药显微结构的影响[J]. 生态学报, 28（3）：1089-1097

张慧文，马剑英，孙伟，等. 2010. 不同海拔天山云杉叶功能性状及其与土壤因子的关系[J]. 生态学报, 30（21）：5747-5758.

张绮纹，任建南，苏晓华. 1988. 杨属各派代表树种花粉粒表面微观结构研究[J]. 林业科学, 24（1）：76-79.

张维，焦子伟，尚天翠，等. 2015. 新疆西天山峡谷海拔梯度上野核桃种群统计与谱分析[J]. 应用生态学报, 26（4）：1091-1098.

张育新，马克明，祁建，等. 2009. 北京东灵山海拔梯度上辽东栎种群结构和空间分布[J]. 生态学报, 29（6）：2789-2796.

赵健，仇硕，李秀娟，张翠萍. 2009. 不同激素对锦绣杜鹃的催花作用[J]. 广西植物, 29（1）：92-95.

赵勇，陈桢，王科举，等. 2010. 泡桐、杨树叶水浸液对作物种子萌发的化感作用[J]. 农业工程学报, 26（1）：400-405.

中国科学院北京植物研究所，南京地质古生物研究所. 1978. 中国植物化石第三册中国新生代植物[M]. 北京：科学出版社.

周道玮. 2009. 植物功能生态学研究进展[J]. 生态学报, 29（10）：5644-5655.

周纪纶，郑师章，杨持. 1992. 植物种群生态学[M]. 北京：高等教育出版社.

周蕾，魏琦超，高峰. 2006. 细胞分裂素在果实及种子发育中的作用[J]. 植物生理学通讯, 42（3）：549-553.

朱美秋. 2009. 毛白杨化感作用及其酚酸物质对其幼苗生长与生理影响研究[D]. 保定：河北农业大学博士学位论文.

祝介东，孟婷婷，倪健，等. 2011. 不同气候带间成熟林植物叶性状间异速生长关系随功能型的变异[J]. 植物生态学报, 35（7）：687-698.

Adler PB, Salguero-Gómez R, Compagnoni A, et al. 2014. Functional traits explain variation in plant life history strategies[J]. Proceedings of the National Academy of Sciences, USA, 111（2）：740-745.

Aerts R, Chapin III FS. 2000. The mineral nutrition of wild plants revisited: a re-evaluation of processes and patterns[J]. Advances in Ecological Research, 30（8）：1-67.

Allen GA, Antos JA. 1993. Sex ratio variation in the dioecious shrub *Oemleria cerasiformis*[J]. The American Naturalist, 141（4）：537-553.

Arroyo MTK, Armesto JJ, Primack RB. 1985. Community studies in pollination ecology in the high temperate Andes of central Chile II. Effect of temperature on visitation rates and pollination possibilities[J]. Plant Systematic and Evolution, 149（3-4）：187-203.

Atkins CA, Pigeaire A. 1993. Application of cytokinins to flowers to increase pod set in *Lupinus angustifolius*[J]. Australian Journal of Agricultural Research, 44（8）：1799-1819.

Barsoum N. 2001. Relative contributions of sexual and asexual regeneration strategies in *Populus nigra* and *Salix alba* during the first years of establishment on a braided gravel bed river[J].

Evolutionary Ecology, 15 (4): 255-279.

Bavrina TV, Yugoslavia LC, Chailakhyan MK. 1991. Influence of daylength and phytohormones on flowering and sex expression in dioecious plants of sheep sorrel (*Rumex acetosella* L.) [J]. Doklady A kademii Nauk SSSR, 316 (318): 1510-1514.

Bazzaz FA. 1996. Plants in Changing Environments: Linking Physiological, Population, and Community Ecology[M]. New York: Cambridge University Press.

Berry EJ, Gorchov DL, Endress BA, et al. 2008. Source-sink dynamics within a plant population: the impact of substrate and herbivory on palm demography[J]. Population Ecology, 50 (1): 63-77.

Bierzychudek P, Eckhart V. 1988. Spatial segregation of the sexes of dioecious plants[J]. American Naturalist, 132 (1): 34-43.

Blagoveshchenskii YN, Bogatyrev LG, Solomatova EA, et al. 2006. Spatial variation of little thickness in the forests of Karelia[J]. Eurasian Soil Science, 39 (39): 925-930.

Borgaonkar HP, Sikder AB, Ram S. 2011. High altitude forest sensitivity to the recent warming: a tree-ring analysis of conifers from Western Himalaya, India[J]. Quaternary International, 236 (1): 158-166.

Bottin L, Cadre SL, Quilichini A, et al. 2007. Re-establishment trials in endangered plants: a review and the example of *Arenaria grandiflora*, a species on the brink of extinction in the Parisian region (France) [J]. Eco Science, 14 (4): 410-419.

Braakhekke WG, Hooftman DAP. 1999. The resource balance hypothesis of plant species diversity in grassland[J]. Journal of Vegetation Science, 10 (2): 187-200.

Bradshaw HD, Ceulemans R, Davis J, et al. 2000. Emerging model systems in plant biology: Poplar (*Populus*) as a model forest tree[J]. Plant Growth Regulation, 19: 306-313.

Bray EA. 2002. Abscisic acid regulation of gene expression during water-deficit stress in the era of the *Arabidopsis genome*[J]. Plant, Cell and Environment, 25 (2): 153-161.

Brewer SW, Webb MAH. 2001. Ignorant seed predators and factors affecting the seed survival of a tropical palm[J]. Oikos, 93 (1): 32-41.

Brook BW, O'Grady JJ, Chapman AP, et al. 2000. Predictive accuracy of population viability analysis in conservation biology[J]. Nature, 404 (6776): 385-387.

Buckley BM, Cook ER, Peterson MJ, et al. 1997. A changing temperature response with elevation for *Lagarostrobos franklinii* in Tasmania, Australia[J]. Climatic Change, 36 (3-4): 477-498.

Bullock SH, Bawa KS. 1981. Sexual dimorphism and the annual flowering pattern in *Jacaratia dolichaula* (D. Smith) Woodson (Caricacceae) in a Costa Rican rain forest[J]. Ecology, 63 (6): 1494-1504.

Buntgen U, Frank DC, Nievergeh D, et al. 2006. Summer temperature variations in the European Alps, AD 755-2004[J]. Journal of Climate, 19 (21): 5606-5623.

Büntgen U, Tegel W, Nicolussi K, et al. 2011. 2500 years of European climate variability and human susceptibility[J]. Science, 331 (6017): 578-582.

Bynum MR, Smith WK. 2001. Floral movement in response to thunderstorms improves reproductive effort in the alpine species *Gentiana algida* (Gentianaceae) [J]. American Journal of Botany,

88 （6）: 1088-1095.

Cai SL, Mu XQ. 2012. Allelopathic potential of aqueous leaf extracts of *Datura stramonium* L. on seed germination, seedling growth and root anatomy of *Glycine max* (L.) Merrill[J]. Allelopathy Journal, 30 （2）: 235-246.

Callaghan TV, Carlsson B, Jónsdóttir IS, et al. 1992. Clonal plants and environmental change: introduction to the proceedings and summary[J]. Oikos, 63 （3）: 341-347.

Cedro A, Iszkulo G. 2011. Do females differ from males of European yew （*Taxus baccata* L.） in dendrochronological analysis?[J]. Tree-Ring Research, 67 （1）: 3-11.

Chen F, Yuan Y, Wei W, et al. 2012. Tree ring density-based summer temperature reconstruction for Zajsan Lake area, East Kazakhstan[J]. International Journal of Climatology, 32 （7）: 1089-1097.

Chen FG, Chen LH, Zhao HX, et al. 2010. Sex-specific responses and tolerances of *Populus cathayana* to salinity[J]. Physiologia Plantarum, 140 （2）: 163-173.

Chen J, Dong TF, Duan BL, et al. 2015. Sexual competition and N supply interactively affect the dimorphism and competiveness of opposite sexes in *Populus cathayana*[J]. Plant, Ceu and Environment, 38 （7）: 1285-1298.

Chen J, Duan BL, Wang ML, et al. 2014. Intra-and inter-sexual competition of *Populus cathayana* under different watering regimes[J]. Functional Ecology, 28 （1）: 124-136.

Chen K, Peng YH, Wang YH, et al. 2007. Genetic relationships among poplar species in section *Tacamahaca* （*Populus* L.） from western Sichuan, China[J]. Plant Science, 172 （2）: 196-203.

Cipollini ML, Whigham DF. 1994. Sexual dimorphism and cost of reproduction in the dioecious shrub *Lindera benzoin* （Lauraceae） [J]. American Journal of Botany, 81 （1）: 65-75.

Cook ER, Kairiukstis LA. 1990. Methods of Dendrochronology: Applications in the Environmental Sciences[M]. Dordrecht: Springer Netherlands: 55-63.

Cornelissen JH, Lavorel S, Garnier E, et al. 2003. A handbook of protocols for standardised and easy measurement of plant functional traits worldwide[J]. Australian Journal of Botany, 51: 335-380.

Coulson T, Mace GM, Hudson E, et al. 2001. The use and abuse of population viability analysis[J]. Trends in Ecology & Evolution, 16 （5）: 219-221.

Cross PC, Beissinger SR. 2001. Using logistic regression to analyze the sensitivity of PVA models: a comparison of methods based on African wild dog models[J]. Conservation Biology, 15 （5）: 1335-1346.

Curtis PS, Wang XZ. 1988. A meta-analysis of elebated CO_2 effect on woody plant mass, form, and physiology[J]. Oecologia, 113: 299-313.

Darwin C. 1862. On the Various Contrivances by Which British and Foreign Orchids are Fertilized [M]. London: Murray: 1-20.

Davies PJ. 1995. Plant Hormones: Physiology, Biochemistry and Molecular Biology[M]. Dordrecht: Kluwer Academic Publishers: 1-12.

Dawson TE, Bliss LC. 1989. Patterns of water use and the tissue water relations in the dioecious shrub, *Salix arctica*: the physiological basis for habitat partitioning between the sexes[J]. Oecologia, 79 （3）: 332-343.

Dawson TE, Ehleringer JR. 1993. Gender-specific physiology, carbon isotope discrimination, and habitat distribution in boxelder *Acer negundo*[J]. Ecology，74（3）：798-815.

Debell DS，Singleton R，Gartner BL，et al. 2004. Wood density of young-growth western hemlock：relation to ring age，radial growth，stand density，and site quality[J]. Canadian Journal of Forest Research，34（12）：2433-2442.

Delph LF. 1990. Sex-differential resource allocation patterns in the subdioecious shrub *Hebe subalpina*[J]. Ecology，71（4）：1342-1351.

Dennis TT. 2008. The effect of *in vivo* and *in vitro* applications of ethrel and GA$_3$ on sex expression in bitter melon（*Momordica charantia* L.）[J]. Euphytica，164（2）：317-323

Diaz HF，Geosjean M，et al. 2003. Climate variability an change in high elevation regions：past，recent and future[J]. Climate Change，59（1-2）：1-4.

Dong TF，Li JY，Zhang YB，et al. 2015. Partial shading of lateral branches affects growth，and foliage nitrogen-and water-use efficiencies in the conifer *Cunninghamia lanceolata* growing in a warm monsoon climate[J]. Tree Physiology，35（6）：632-643.

Dormann CF，Woodin SJ. 2002. Climate change in the Arctic：using plant functional types in a meta-analysis of field experiments[J]. Functional Ecology，16（1）：4-17.

Douglass AE. 1920. Evidence of climatic effects in the annual rings of trees[J]. Ecology，1（1）：24-32.

Doust JL，Doust LL. 1988. Modules of production and reproduction in a dioecious clonal shrub，*Rhus typhina*[J]. Ecology，69（4）：741-750.

Dragovoz IV，Kots SY，Chekhun TI，et al. 2002. Complex growth regulator increases alfalfa seed production[J]. Russian Journal of Plant Physiology，49（6）：823-827.

Duan JP，Wang LL，Li L，et al. 2010. Temperature variability since AD 1837 inferred from tree-ring maximum density of *Abies fabri* on Gongga Mountain，China[J]. Chinese Science Bulletin，55（26）：3015-3022.

Duan YW，He YP，Liu JQ. 2005. Reproductive ecology of the Qinghai-Tibet Plateau endemic *Gentiana straminea*（Gentianaceae），a hermaphrodite perennial characterized by herkogamy and dichogamy[J]. Acta Oecologica，27（3）：225-232.

Durand R，Durand B. 1984. Sexual differentiation in higher plants[J]. Physiologia Plantarum，60（3）：267-271.

Elser JJ，Sterner RW，Gorokhova E，et al. 2000. Biological stoichiometry from genes to ecosystems[J]. Ecology Letters，3（6）：540-550.

Emery SM，Gross KL. 2006. Dominant species identity regulates invisibility of old-field plant communities[J]. Oikos，115（3）：549-558.

Evans J P，Whitney S. 1992. Clonal integration across a salt gradient by a nonhalophyte，*Hydrocotyle bonariensis*（Apiaceae）[J]. American Journal of Botany，79（12）：1344-1347.

Falster DS，Warton DI，Wright IJ. 2007. SMATR：Standardised Major Axis Tests & Routines. Version 2.0. http://www.bio.mq.edu.au/ecology/SMATR/index.html.

Fan ZX，Bräuning A，Cao KF，et al. 2009. Growth-climate responses of high-elevation conifers in the central Hengduan Mountains，southwestern China[J]. Forest Ecology and Management，258（3）：306-313.

Fang KY，Gou XH，Chen F，et al. 2012. Tree growth and its association with climate between individual tree-ring series at three mountain ranges in north central China[J]. Dendrochronologia, 30 (2): 113-119.

Feng L, Jiang H, Zhang Y, et al. 2014. Sexual differences in defensive and protective mechanisms of *Populus cathayana* exposed to high UV-B radiation and low soil nutrient status[J]. Physiologia Plantarum, 151 (4): 434-445.

Ferrière R, Sarrazin F, Legendre S, et al. 1996. Matrix population models applied to viability analysis and conservation: Theory and practice with ULM software[J]. Acta Oecologica, 17(6): 629-656.

Fisher RA. 1930. The Genetical Theory of Natural Selection[M]. Oxford: Clarendon Press.

Frankel R, Galun E. 1977. Pollination Mechanisms, Reproduction and Plant Breeding. *In*: Frankel R, Grossman M, Linskens HF, Maliga P, Riley R. Monographs on Theoretical and Applied Genetics[M]. Dordrecht: Springer Netherlands: 158-180.

Freeman DC, Klikoff LG, Harper KT. 1976. Differential resource utilization by the sexes of dioecious plants[J]. Science, 193 (4253): 597-599.

Friend AD, Woodward FI, Switsur VR. 1989. Field measurements of photosynthesis, stomatal conductance, leaf nitrogen and $\delta^{13}C$ along altitudinal gradients in Scotland[J]. Functional Ecology, 3 (1): 117-122.

Friend AD, Woodward FI. 1990. Evolutionary and ecophysiological responses of mountain plants to the growing season environment[J]. Advances in Ecological Research, 20: 59-124.

Fritts HC. 1976. Tree Ring and Climate[M]. NewYork: Academic Press.

Fukai S. 1999. Phenology in rainfed lowland rice[J]. Field Crops Research, 64 (1): 51-60.

Gao LS, Zhang CY, Zhao XH, et al. 2010. Gender-related climate response of radial growth in dioecious Fraxinus mandshurica trees[J]. Tree-Ring Research, 66 (2): 105-112.

Ghimire SK, Gimenez O, Pradel R, et al. 2008. Demographic variation and population viability in a threatened Himalayan medicinal and aromatic herb *Nardostachys grandiflora*: matrix modelling of harvesting effects in two contrasting habitats[J]. Journal of Applied Ecology, 45 (1): 41-51.

Gittins R. 1986. Canonnical analysis, a review with applications in ecology[J]. Acta Biotheor, 35 (1-2): 135-136.

Gom LA, Rood SB. 1999. Patterns of clonal occurrence in a mature cottonwood grove along the Oldman River, Alberta[J]. Canadian Journal of Botany, 77 (8): 1095-1105.

Gould SJ. 1966. Allometry and size in ontogeny and phylogeny[J]. Biological Reviews, 41 (4): 587-638.

Grant MC, Mitton JB. 1979. Elevational gradients in adult sex ratios and sexual differentiation in vegetative growth rates of *Populus tremuloides* Michx[J]. Evolution, 33 (3): 914-918.

Grudd H. 2008. Tornetrask tree-ring width and density AD 500-2004: a test of climatic sensitivity and a new 1500-year reconstruction of north Fennoscandian summers[J]. Climate Dynamics, 12 (31): 843-857.

Guschina IA, Harwood JL, Smith M, et al. 2002. Abscisic acid modifies the changes in lipids brought about by water stress in the moss *Atrichum androgynum*[J]. New Phytologist, 156(2): 255-264.

Güsewell S. 2004. N : P ratios in terrestrial plants: variation and functional significance[J]. New Phytologist, 164 (2): 243-266.

Hamdi S, Teller G, Louis JP. 1987. Master regulatory genes, auxin levels, and sexual organogeneses in the dioecious plant *Mercurialis annua*[J]. Plant Physiology, 85 (2): 393-399.

Han WX, Fang JY, Reich PB, et al. 2011. Biogeography and variability of eleven mineral elements in plant leaves across gradients of climate, soil and plant functional type in China[J]. Ecology Letters, 14 (8): 788-796.

Hänninen H. 1995. Effects of climatic change on trees from cool and temperate regions: an ecophysiological approach to modelling of bud burst phenology[J]. Canadian Journal of Botany, 73 (2): 183-199.

Harsch MA, Hulme PE, McGlone MS, et al. 2009. Are treelines advancing? A global meta-analysis of treeline response to climate warming[J]. Ecology Letters, 12 (10): 1040-1049.

Hoffmann AJ, Alliende MC. 1984. Interactions in the patterns of vegetative growth and reproduction in woody dioecious plants[J]. Oecologia, 61 (1): 109-114.

Holmes RL. 1983. Computer-assisted quality control in tree-ring dating and measurement[J]. Tree-Ring Bulletin, 43 (1): 69-78.

Hölscher D, Schmitt S, Kupfer K. 2002. Growth and leaf traits of four broad-leaved tree species along a hillside gradient[J]. Forstwissenschaftliches Centralblatt, 121 (5): 229-239.

Holtmeier FK, Broll G. 2005. Sensitivity and response of northern hemisphere altitudinal and polar treelines to environmental change at landscape and local scales[J]. Global Ecology and Biogeography, 14 (5): 395-410.

Huang X, Yin C, Duan B, et al. 2008. Interactions between drought and shade on growth and physiological traits in two *Populus cathayana* populations[J]. Canadian Journal of Forest Research, 38 (7): 1877-1887.

Huson D H, Bryant D. 2006. Application of phylogenetic networks in evolutionary studies[J]. Molecular Biology and Evolution, 23 (2): 254-267.

Iglesias MC, Bell G. 1989. The small-scale spatial distribution of male and female plants[J]. Oecologia, 80 (2): 229-235.

Inderjit, Duke SO. 2003. Ecophysiological aspects of allelopathy[J]. Planta, 217 (4): 529-539.

Jaiswal VS, Kumar A, Lal M. 1985. Role of endogenous phytohormones and some macromolecules in regulation of sex differentiation in flowering plants[J]. Proceedings: Plant Sciences, 95 (6): 453-459.

Jing SW, Coley PD. 1990. Dioecy and herbivory: the effect of growth rate on plant defense in *Acer negundo*[J]. Oikos, 58 (3): 369-377.

Jones MH, MacDonald SE, Henry GHR. 1999. Sex-and habitat-specific responses of a high arctic willow, *Salix arctica*, to experimental climate change[J]. Oikos, 87 (1): 129-138.

Kagawa A, Sugimoto A, Maximov TC. 2006. Seasonal course of translocation, storage and remobilization of ^{13}C pulse-labeled photoassimilate in naturally growing *Larix gmelinii* saplings [J]. New Phytologist, 171 (4): 793-804.

Kavanagh PH, Lehnebach CA, Shea MJ, et al. 2011. Allometry of sexual size dimorphism in dioecious plants: Do plants obey Rensch's rule?[J]. The American Naturalist, 178 (5): 596-601.

Khryanin VN. 1987. Hormonal regulation of sex expression in plants. *In*: Purohit SS. Hormonal

Regulation of Plant Growth and Development[M]. Dordrecht: Springer Netherlands: 115-150.

King DA. 1986. Tree form, height growth, and susceptibility to wind damage in *Acer saccharum*[J]. Ecology, 67 (4): 980-990.

King D A. 1991. Tree allometry, leaf size and adult tree size in old-growth forests of western Oregon [J]. Tree Physiology, 9 (3): 369-381.

King DA. 1996. Allometry and life history of tropical trees[J]. Journal of Tropical Ecology, 12 (1): 25-44.

Knowles P, Grant MC. 1983. Age and size structure analyses of Engelmann spruce, Ponderosa pine, Lodgepole pine, and Limber pine in Colorado[J]. Ecology, 64 (1): 1-9.

Kohyama T, Hara T, Tadaki Y. 1990. Patterns of trunk diameter, tree height and crown depth in crowded *Abies* stands[J]. Annals of Botany, 65 (5): 567-574.

Koop AL, Horvitz CC. 2005. Projection matrix analysis of the demography of an invasive, nonnative shrub (*Ardisia elliptica*) [J]. Ecology, 86 (10): 2661-2672.

Körner C. 2003. Alpine Plant Life: Functional Plant Ecology of High Mountain Ecosystems[M]. 2nd ed. Berlin: Springer.

Kudo G, Molau U. 1999. Variations in reproductive traits at inflorescence and flower levels of an arctic legume, *Astragalus alpinus* L.: comparisons between a subalpine and an alpine population [J]. Plant Species Biology, 14 (3): 181-191.

Lamberson RH, Noon BR, Curtis V, et al. 1994. Reserve design for territorial species: the effects or patch size and spacing on the viability of the Northern Spotted Owl[J]. Conservation Biology, 8 (1): 185-195.

Larcher W. 1995. Physiological Plant Ecology[M]. New York: Springer: 414.

Legionnet A, Faivre-Rampant P, Villar M, et al. 1997. Sexual and asexual reproduction in natural stands of *Populus nigra*[J]. Botanica Acta, 110 (3): 257-263.

Lei YB, Chen K, Tian X, et al. 2007. Effect of Mn toxicity on morphological and physiological changes in two *Populus cathayana* populations originating from different habitats[J]. Trees, 21 (5): 569-580.

Lei YB, Yin CY, Li CY. 2006. Differences in some morphological, physiological, and biochemical responses to drought stress in two contrasting populations of *Populus przewalskii*[J]. Physiologia Plantarum, 127 (2): 182-191.

Leigh A, Cosgrove MJ, Nicotra AB. 2006. Reproductive allocation in a gender dimorphic shrub: anomalous female investment in *Gynatrix pulchella*?[J]. Journal of Ecology, 94 (6): 1261-1271.

Li CY, Ren J, Luo J, et al. 2004. Sex-specific physiological and growth responses to water stress in *Hippophae rhamnoides* L. populations[J]. Acta Physiologiae Plantarum, 26 (2): 123-129.

Li CY, Xu G, Zang R. 2007. Sex-related differences in leaf morphological and physiological responses in *Hippophae rhamnoides* along an altitudinal gradient[J]. Tree Physiology, 27 (3): 399-406.

Li CY, Yang Y, Junttila O, et al. 2005. Sexual differences in cold acclimation and freezing tolerance development in sea buckthorn (*Hippophae rhamnoides* L.) ecotypes[J]. Plant Science, 168 (5): 1365-1370.

Li GY, Yang DM, Sun SC. 2008. Allometric relationships between lamina area, lamina mass and petiole mass of 93 temperate woody species vary with leaf habit, leaf form and altitude[J]. Functional Ecology, 22 (4): 557-564.

Li J, Xie SP, Cook ER, et al. 2011. Interdecadal modulation of El Niño amplitude during the past millennium[J]. Nature Climate Change, 1 (2): 114-118.

Lubben J, Tenhumberg B, Tyre A, et al. 2008. Management recommendations based on matrix projection models: the importance of considering biological limits[J]. Biological Conservation, 141 (2): 517-523.

Mahoney JM, Rood SB. 1998. Streamflow requirements for cottonwood seedling recruitment—an integrative model[J]. Wetlands, 18 (4): 634-645.

Mäkinen H, Nöjd P, Mielikäinen K. 2001. Climatic signal in annual growth variation in damaged and healthy stands of Norway spruce[Picea abies (L.) Karst.] in southern Finland[J]. Trees, 15 (3): 177-185.

Mandujano MC, Montaña C, Franco M, et al. 2001. Integration of demographic annual variability in a clonal desert cactus[J]. Ecology, 82 (2): 344-359.

Marques AR, Fernandes GW, Reis IA, et al. 2002. Distribution of adult male and female Boccharis concinna (Asteraceae) in the rupestrian fields of Serra Do Cipó, Brazil[J]. Plant Biology, 4 (1): 94-103.

Marschner H. 1995. Mineral Nutrition of Higher Plants[M]. London: Academic Press.

McIntyre S, Lavorel S, Landsberg J, et al. 1999. Disturbance response in vegetation: Towards a global perspective on functional traits[J]. Journal of Vegetation Science, 10 (5): 621-630.

McMahon T. 1973. Size and shape in biology[J]. Science, 179 (4079): 1201.

Melampy MN, Howe HF. 1977. Sex ratio in the tropical tree Triplaris americana (Polygonaceae) [J]. Evolution, 31 (4): 86-872.

Menges ES. 1990. Population viability analysis for an endangered plant[J]. Conservation Biology, 4 (1): 52-62.

Menges ES. 2000. Population viability analyses in plants: challenges and opportunities[J]. Trends in Ecology & Evolution, 15 (2): 51-56.

Menges ES, Ascencio PFQ, Weekley CW, et al. 2006. Population viability analysis and fire return intervals for an endemic florida scrub mint[J]. Biological Conservation, 127 (1): 115-127.

Molau U. 1993. Relationships between flowering phenology and life history strategies in tundra plants[J]. Arctic and Alpine Research, 25 (4): 391-402.

Molles MC. 2007. Ecology: Concepts and Applications[M]. New York: McGraw-Hill.

Morecroft MD, Woodward FI, Marrs RH. 1992. Altitudinal trends in leaf nutrient contents, leaf size and $\delta^{13}C$ of Alchemilla alpine[J]. Functional Ecology, 6 (6): 730-740.

Neubert MG, Caswell H. 2000. Demography and dispersal: calculation and sensitivity analysis of invasion speed for structured populations[J]. Ecology, 81 (6): 1613-1628.

Nicotra AB. 1999. Sexually dimorphic growth in the dioecious tropical shrub, Siparuna grandiflora[J]. Functional Ecology, 13 (3): 322-331.

Niinemets Ü, Portsmuth A, Tobias M. 2007. Leaf shape and venation pattern alter the support investments within leaf lamina in temperate species: a neglected source of leaf physiological differentiation?[J]. Functional Ecology, 21 (1): 28-40.

Niklas KJ. 1994. Plant Allometry, The Scaling of Form and Process[M]. Chicago: University of Chicago Press.

Norton DA. 1984. Tree-growth-climate relationships in subalpine *Nothofagus* forests, South Island, New Zealand[J]. New Zealand Journal of Botany, 22 (4): 471-481

Nowacki GJ, Abrams MD. 1997. Radial-growth averaging criteria for reconstructing disturbance histories from presettlement-origin oaks[J]. Ecological Monographs, 67 (2): 225-249.

Oberhuber W, Stumboeck M, Kofler W. 1998. Climate-tree-growth relationships of Scots pine stands (*Pinus sylvestris* L.) exposed to soil dryness[J]. Trees, 13 (1): 19-27.

Obeso JR. 2002. The costs of reproduction in plants[J]. New Phytologist, 155 (3): 321-348.

Obeso JR, Alvarez-Santullano M, Retuerto R. 1998. Sex ratios, size distributions, and sexual dimorphism in the dioecious tree *Ilex aquifolium* (Aquifoliaceae) [J]. American Journal of Botany, 85 (11): 1602-1608.

Oñate M, García MB, Munné-Bosch S. 2012. Age and sex-related changes in cytokinins, auxins and abscisic acid in a centenarian relict herbaceous perennial[J]. Planta, 235 (2): 349-358.

Oostermeijer JGB, Luijten SH, Den Nijs JCM. 2003. Integrating demographic and genetic approaches in plant conservation[J]. Biological Conservation, 113 (3): 389-398.

Ortiz PL, Arista M, Talavera S. 2002. Sex ratio and reproductive effort in the dioecious *Juniperus communis* subsp. *alpina* (Suter) Čelak. (Cupressaceae) along an altitudinal gradient[J]. Annals of botany, 89 (2): 205-211.

Pailler T, Humeau L, Figier J, et al. 1998. Reproductive trait variation in the functionally dioecious and morphologically heterostylous island endemic *Chassalia corallioides* (Rubiaceae) [J]. Biological Journal of the Linnean Society, 64 (3): 297-313.

Pierson EA, Mack RN. 1990. The population biology of Bromus tectorum in forests: effect of disturbance, grazing, and litter on seedling establishment and reproduction[J]. Oecologia, 84 (4): 526-533.

Pitman ETG. 1939. A note on normal correlation[J]. Biometrika, 31 (1-2): 9-12.

Preston KA, Ackerly DD. 2003. Hydraulic architecture and the evolution of shoot allometry in contrasting climates[J]. American Journal of Botany, 90 (10): 1502-1512.

Primack RB. 1987. Relationship among flowers, fruits, and seeds[J]. Annual Review of Ecology and Systematics, 18: 409-430.

Queenborough SA, Burslem DF, Garwood NC, et al. 2007. Determinants of biased sex ratios and inter-sex costs of reproduction in dioecious tropical forest trees[J]. American Journal of Botany, 94 (1): 67-78.

Reich PB, Oleksyn J. 2004. Global patterns of plant leaf N and P in relation to temperature and latitude[J]. Proceedings of the National Academy of Sciences, USA, 101 (30): 11001-11006.

Reich PB, Walters MB, Ellsworth DS. 1997. From tropics to tundra: Global convergence in plant functioning[J]. Proceedings of the National Academy of Sciences, USA, 94 (25): 13730-13734.

Reiners WA, Hollinger DY, Lang GE. 1984. Temperature and evapotranspiration gradients of the

White Mountains，New Hampshire，USA[J]. Arctic and Alpine Research，16（1）：31-36.

Renner SS，Ricklefs RE. 1995. Dioecy and its correlates in the flowering plants[J]. American Journal of Botany，82（5）：596-606.

Rensch B. 1960. Evolution Above the Species Level[M]. New York：Columbia University Press.

Rich PM，Helenurm K，Kearns D，et al. 1986. Height and stem diameter relationships for dicotyledonous trees and arborescent palms of Costa Rican tropical wet forest[J]. Bulletin of the Torrey Botanical Club，113（3）：241-246.

Rocheleau AF，Houle G. 2001. Different cost of reproduction for the males and females of the rare dioecious shrub *Corema conradii*（Empetraceae）[J]. American Journal of Botany，88（4）：659-666.

Rood SB，Hillman C，Sanche T，et al. 1994. Clonal reproduction of riparian cottonwoods in Southern Alberta[J]. Canadian Journal of Botany，72（12）：1766-1774.

Rosenzweig C，Parry ML. 1994. Potential impact of climate change on world food supply[J]. Nature，367（13）：133-138.

Rossi S，Deslauriers A，Anfodillo T，et al. 2008. Age-dependent xylogenesis in timberline conifers[J]. New Phytologist，177（1）：199-208.

Rovere AE，Aizen MA，Kitzberger T. 2003. Growth and climatic response of male and female trees of *Austrocedrus chilensis*，a dioecious conifer from the temperate forests of southern South America[J]. Eco Science，10（2）：195-203.

Salopek-Sondi B，Kovač M，Prebeg T，et al. 2002. Developing fruit direct post-floral morphogenesis in *Helleborus niger* L.[J]. Journal of Experimental Botany，53（376）：1949-1957.

Scariot A. 2009. Seedling mortality by litterfall in amazonian forest fragments[J]. Biotropica，32（4a）：662-669.

Schemske DW，Husband BC，Ruckelshaus MH，et al. 1994. Evaluating approaches to the conservation of rare and endangered plants[J]. Ecology，75（3）：584-606.

Seno H，Nakajima H. 1999. Transition matrix model for persistence of monocarpic perennial plant population under periodically ecological disturbance[J]. Ecological modelling，117（1）：65-80.

Silvertown J，Charlesworth D. 2001. Introduction to Plant Population Biology[M]. 4th ed. Oxford：Blackwell Science.

Sletvold N，Dahlgren JP，Oien DI，et al. 2013. Climate warming alters effects of management on population viability of threatened species：results from a 30-year experimental study on a rare orchid[J]. Global change biology，19（9）：2729.

Soldatova NA，Khryanin VN. 2010. The Effects of heavy metal salts on the phytohormonal status and sex expression in Marijuana[J]. Russian Journal of Plant Physiology，57（1）：96-100.

Sorefan K，Girin T，Liljegren SJ，et al. 2009. A regulated auxin minimum is required for seed dispersal in Arabidopsis[J]. Nature，459（7246）：583-586.

Stettler RF，Bradshaw HD，Heilman PE. 1996. Biology of *Populus* and Its Implications for Management and Conservation[M]. Ottawa：NRC Research Press.

Stewart WN，Rothwell GW. 1993. Paleobotany and the Evolution of Plants[M]. New York：Cambridge University Press.

Stott P, Loehle C. 1998. Height growth rate tradeoffs determine northern and southern range limits for trees[J]. Journal of Biogeography, 25 (4): 735-742.

Stuefer JF, During HJ, De Kroon H. 1994. High benefits of clonal integration in two stoloniferous species, in response to heterogeneous light environments[J]. Journal of Ecology, 82 (3): 511-518.

Sun SC, Jin DM, Shi PL. 2006. The leaf size-twig size spectrum of temperate woody species along an altitudinal gradient: An invariant allometric scaling relationship[J]. Annals of Botany, 97 (1): 97-107.

Taylor G. 2002. *Populus*: Arabiposis for forestry. Do we need a model tree?[J]. Annals of Botany, 90 (6): 681-689.

Tognetti R. 2012. Adaptation to climate change of dioecious plants: does gender balance matter?[J]. Tree Physiology, 32 (11): 1321-1324.

van den Ende, Croes AF, Kemp A, et al. 1984. Development of flower buds in thin-layer cultures of floral stalk tissue from tobacco: Role of hormones in different stages[J]. Physiologia Plantarum, 61 (61): 114-118.

Van Mantgem PJ, Stephenson NL. 2005. The accuracy of matrix population model projections for coniferous trees in the Sierra Nevada, California[J]. Journal of Ecology, 93 (4): 737-747.

Violle C, Navas ML, Vile D, et al. 2007. Let the concept of trait be functional[J]. Oikos, 116 (5): 882-892.

Walker JKM, Cohen H, Higgins LM, et al. 2014. Testing the link between community structure and function for ectomycorrhizal fungi involved in a global tripartite symbiosis[J]. New Phytologist, 202 (1): 287-296.

Wallace CS, Rundel PW. 1979. Sexual dimorphism and resource allocation in male and female shrubs of *Simmondsia chinensis*[J]. Oecologia, 44 (1): 34-39.

Wang LL, Duan JP, Chen J, et al. 2010. Temperature reconstruction from tree-ring maximum density of balfour spruce in Eastern Tibet, China[J]. International Journal of Climatology, 30 (7): 972-979.

Wang XZ, Griffin KL. 2003. Sex-specific physiological and growth responses to elevated atmospheric CO_2 in *Silene latifolia* Poiret[J]. Global Change Biology, 9 (4): 612-618.

Warton DI, Weber NC. 2002. Common slope tests for bivariate errors in-variables models[J]. Biometrical Journal, 44 (2): 161-174.

Waser NM. 1984. Sex ratio variation in population of a dioecious desert perennial, *Simmondsia chinensis*[J]. Oikos, 42 (3): 343-348.

Westoby M, Falster DS, Moles AT, et al. 2002. Plant ecological strategies: Some leading dimensions of variation between species[J]. Annual Review of Ecology and Systematics 33 (1): 125-159.

White PS. 1983. Evidence that temperate East North American evergreen woody plants follow Corner's rules[J]. New Phytologist, 95 (1): 139-145.

Wilsey B. 2002. Clonal plants in a spatially heterogeneous environment: effects of integration on *Serengeti* grassland response to defoliation and urine-hits from grazing mammals[J]. Plant Ecology, 159 (1): 15-22.

Wilson RJS，Luc kman BH. 2003. Dendroclimatic reconstruction of maximum summer temperatures from upper treeline sites in Interior British Columbia，Canada[J]. The Holocene，13（6）：851-861

Winkler E，Fischer M. 1999. Two fitness measures for clonal plants and the importance of spatial aspects[J]. Plant Ecology，141（1）：191-199.

Wood FB. 1998. The need for systems research on global climate change[J]. Systems Research，5（3）：225-240.

Wratten SD，Fry GL. 1980. Field and Laboratory Exercises in Ecology[M]. London：Edward Arnold.

Wright IJ，Reich PB，Westoby M，et al. 2004. The worldwide leaf economics spectrum[J]. Nature，428（6985）：821-827.

Wyatt R. 1983. Pollinator-plant interactions and the evolution of breeding systems. *In*：Real L. Pollination Biology[M]. Orlando：Academy Press：51-95

Xiang S，Wu N，Sun SC. 2009. Within-twig biomass allocation in subtropical evergreen broad-leaved species along an altitudinal gradient：allometric scaling analysis[J]. Trees，23（3）：637-647.

Xiao Y，Tang J，Qing H，et al. 2010. Clonal integration enhances flood tolerance of *Spartina alterniflora* daughter ramets[J]. Aquatic Botany，92（1）：9-13.

Xu X，Peng GP，Wu CC，et al. 2010a. Global warming induces female cuttings of *Populus cathayana* to allocate more biomass，C and N to aboveground organs than do male cuttings[J]. Australian Journal of Botany，58（7）：519-526.

Xu X，Zhao HX，Zhang XL，et al. 2010b. Different growth sensitivity to enhanced UV-B radiation between male and female *Populus cathayana*[J]. Tree Physiology，30（12）：1489-1498.

Xu X，Peng GQ，Wu CC，et al. 2008a. Drought inhibits photosynthetic capacity more in females than in males of *Populus cathayana*[J]. Tree Physiology，28：1751-1759.

Xu X，Yang F，Xiao X，et al. 2008b. Sex-specific responses of *Populus cathayana* to drought and elevated temperatures[J]. Plant Cell and Environment，31（6）：850-860.

Xu X，Li YX，Wang BX，et al. 2014. Salt stress induced sex-related spatial heterogeneity of gas exchange rates over the leaf surface in *Populus cathayana* Rehd.[J]. Acta Physiologiae Plantarum，37（1）：1-10.

Yang DM，Li GY，Sun SC. 2009. The effects of leaf size，leaf habit，and leaf form on leaf/stem relationships in plant twigs of temperate woody species[J]. Journal of Vegetation Science，20（2）：359-366.

Yang DM，Niklas KJ，Xiang S，et al. 2010. Size-dependent leaf area ratio in plant twigs：implication for leaf size optimization[J]. Annals of Botany，105（1）：71-77.

Yang J，Zhang G，Ci X，et al. 2014. Functional and phylogenetic assembly in a Chinese tropical tree community across size classes，spatial scales and habitats[J]. Functional Ecology，28（2）：520-529.

Yang Y，He X，Xu X，et al. 2015. Scaling relationships among twig components are affected by sex in the dioecious tree *Populus cathayana*[J]. Trees，29（3）：737-746.

Yin CY，Duan BL，Wang X，et al. 2004. Morphological and physiological responses of two contrasting Poplar species to drought stress and exogenous abscisic acid application[J]. Plant Science，167（5）：1091-1097.

Yu F, Chen Y, Dong M. 2001. Clonal integration enhances survival and performance of *Potentilla anserina*, suffering from partial sand burial on *Ordos plateau*, China[J]. Evolutionary Ecology, 15 (4): 303-318.

Yu FH, Wang N, He WM, et al. 2008. Adaptation of rhizome connections in drylands: increasing tolerance of clones to wind erosion[J]. Annals of Botany, 102 (4): 571-577.

Yu Q, Chen QS, Elser JJ, et al. 2010. Linking stoichiometric homoeostasis with ecosystem structure, functioning and stability[J]. Ecology Letters, 13 (11): 1390-1399.

Zhang QB, Hebda RJ. 2004. Variation in radial growth patterns of *Pseudotsuga menziesii* on the central coast of British Columbia, Canada[J]. Canadian Journal of Forest Research, 34 (9): 1946-1954.

Zhang QB, Qiu HY. 2007. A millennium-long tree-ring chronology of *Sabina przewalskii* on northeastern Qinghai-Tibetan Plateau[J]. Dendrochronologia, 2 (24): 91-95.

Zhang S, Chen FG, Peng SM, et al. 2010. Comparative physiological, ultrastructural and proteomic analyses reveal sexual differences in the responses of *Populus cathayana* under drought stress[J]. Proteomics, 10 (14): 2661-2677.

Zhang S, Jiang H, Peng SM, et al. 2011. Sex-related differences in morphological, physiological and ultrastructural responses of *Populus cathayana* to chilling[J]. Journal Experimental Botany, 62 (2): 675-686.

Zhang S, Jiang H, Zhao HX, et al. 2014. Sexually different physiological responses of *Populus cathayana* to nitrogen and phosphorus deficiencies[J]. Tree Physiology, 34 (4): 343-354.

Zhang WT, Jiang Y, Dong MY, et al. 2012. Relationship between the radial growth of *Picea meyeri* and climate along elevations of the Luyashan Mountain in North-Central China[J]. Forest Ecology and Management, 265 (1): 142-149.

Zhang YJ, Dai LM. 2001. The trend of tree line on the northern slope of Changbai Mountain[J]. Journal of Forestry Research, 12 (2): 97-100.

Zhao HX, Li Y, Duan BL, et al. 2009. Sex-related adaptive responses of *Populus cathayana* to photoperiod transitions[J]. Plant, Cell and Environment, 32 (10): 1401-1411.

Zhao HX, Xu X, Zhang YB, et al. 2010. Nitrogen deposition limits photosynthetic response to elevated CO_2 differentially in a dioecious species[J]. Oecologia, 165 (1): 41-54.

青杨种群外貌（早春）

青杨种群外貌（春季）

青杨生长环境

青杨生长环境

青杨生长环境

青杨生长环境

青杨雌花序

青杨雄花序

青杨雌（右）雄（左）叶片

青杨倒木

野外采样

野外实验